Grenzüberschreitende Kooperation im Alpenraum

Werner Kreisel

Grenzüberschreitende Kooperation im Alpenraum

Die Europäischen Verbünde für territoriale Zusammenarbeit (EVTZ)

Werner Kreisel
Aachen, Deutschland

ISBN 978-3-662-71244-3   ISBN 978-3-662-71245-0 (eBook)
https://doi.org/10.1007/978-3-662-71245-0

Die Deutsche Nationalbibliothek verzeichnet diese Publikation in der Deutschen Nationalbibliografie; detaillierte bibliografische Daten sind im Internet über https://portal.dnb.de abrufbar.

© Der/die Herausgeber bzw. der/die Autor(en), exklusiv lizenziert an Springer-Verlag GmbH, DE, ein Teil von Springer Nature 2025, korrigierte Publikation 2025

Das Werk einschließlich aller seiner Teile ist urheberrechtlich geschützt. Jede Verwertung, die nicht ausdrücklich vom Urheberrechtsgesetz zugelassen ist, bedarf der vorherigen Zustimmung des Verlags. Das gilt insbesondere für Vervielfältigungen, Bearbeitungen, Übersetzungen, Mikroverfilmungen und die Einspeicherung und Verarbeitung in elektronischen Systemen.
Die Wiedergabe von allgemein beschreibenden Bezeichnungen, Marken, Unternehmensnamen etc. in diesem Werk bedeutet nicht, dass diese frei durch jede Person benutzt werden dürfen. Die Berechtigung zur Benutzung unterliegt, auch ohne gesonderten Hinweis hierzu, den Regeln des Markenrechts. Die Rechte des/der jeweiligen Zeicheninhaber*in sind zu beachten.
Der Verlag, die Autor*innen und die Herausgeber*innen gehen davon aus, dass die Angaben und Informationen in diesem Werk zum Zeitpunkt der Veröffentlichung vollständig und korrekt sind. Weder der Verlag noch die Autor*innen oder die Herausgeber*innen übernehmen, ausdrücklich oder implizit, Gewähr für den Inhalt des Werkes, etwaige Fehler oder Äußerungen. Der Verlag bleibt im Hinblick auf geografische Zuordnungen und Gebietsbezeichnungen in veröffentlichten Karten und Institutionsadressen neutral.

Einbandabbildung: https://stock.adobe.com/de/images/the-express-passes-through-the-alps/965460067

Planung/Lektorat: Simon Shah-Rohlfs
Springer ist ein Imprint der eingetragenen Gesellschaft Springer-Verlag GmbH, DE und ist ein Teil von Springer Nature.
Die Anschrift der Gesellschaft ist: Heidelberger Platz 3, 14197 Berlin, Germany

Wenn Sie dieses Produkt entsorgen, geben Sie das Papier bitte zum Recycling.

Vorwort

Die „Europäischen Verbünde für territoriale Zusammenarbeit" (EVTZ) in den Alpen haben sich zu einem wichtigen Förderinstrument der EU entwickelt. Die einzelnen EVTZ werden in den nachfolgenden Ausführungen dargestellt. Sie sind ein Beispiel dafür, wie grenzüberschreitende überregionale, regionale und lokale Zusammenarbeit Grenzen überwinden und zu erfolgreichen Ergebnissen führen kann.

Den Verantwortlichen der einzelnen EVTZ in den Alpen danke ich sehr herzlich für ihre vielfältige Unterstützung. Es handelt sich dabei um die folgenden Verbünde: „GECT Euregio Senza Confini" / „EVTZ Euregio Ohne Grenzen", „Groupement européen de coopération territoriale (GECT): Parc européen Alpi Marittime Mercantour" / „Gruppo europeo di cooperazione territoriale (GECT): Parco europeo Alpi Marittime Mercantour", „Interregional Alliance for the Rhine-Alpine Corridor EGTC", „Europäischer Verbund für territoriale Zusammenarbeit (EVTZ) Geopark Karawanken", „EGTC Alpine Pearls – eco-friendly escapes", „EVTZ Wissenschaftsverbund Vierländerregion Bodensee" und „EVTZ Europaregion Tirol – Südtirol – Trentino". Ihnen allen bin ich sehr dankbar, vor allem auch dafür, dass sie für die vorliegende Studie umfangreiches photographisches und kartographisches Material zur Verfügung gestellt haben.

Die „Europäischen Verbünde für territoriale Zusammenarbeit" in den Alpen machen nur einen kleinen Teil der insgesamt über 80 EVTZ aus. Sie zeigen jedoch an einem europäischen Großraum exemplarisch, dass grenzüberschreitende Zusammenarbeit im Rahmen der Europäischen Union sinnvoll ist und können daher eventuell auch für andere Regionen als Vorbild dienen.

Aachen, Deutschland   Werner Kreisel

Inhaltsverzeichnis

1	Grenzregionen in den Alpen und ihre Probleme	1
2	Territorium und Grenzen – „… sunt certi denique fines"	3
2.1	Politische Grenzen	5
2.2	Markierung von politischen Grenzen	6
2.3	Veränderungen von Staatsgrenzen und Grenzkonflikte	10
2.4	Natürliche Grenzen	11
2.5	Kulturelle Grenzen	13
2.6	Wertvorstellungen als Grenzen menschlichen Tuns	16
2.7	Der Schengen-Raum – Beginn der Abschaffung der europäischen Binnengrenzen	17
2.8	Frontex – Kontrolle der europäischen Außengrenzen	19
2.9	Grenzübertretungen, Grenzüberwindungen	20
3	Territoriale Zusammenarbeit und Kohäsionspolitik der EU	25
4	Die makroregionale Strategie der EU (Makroregionen)	31
5	Die „Europäischen Verbünde für territoriale Zusammenarbeit" (EVTZ)	35
6	Grundzüge und Strukturen der Alpen	39
7	Die Alpen – Grenzraum, Übergangsraum, Kulturraum, Problemraum	51
8	Grenzüberschreitende Aktivitäten im Alpenraum	63
9	Die Makroregion EUSALP	67
10	Die „Europäischen Verbünde für territoriale Zusammenarbeit" (EVTZ) in den Alpen	71
10.1	Überwindung von Grenzhindernissen und Aufwertung von Grenzregionen als Beitrag zur europäischen Integration: „EVTZ Euregio Ohne Grenzen" / „GECT Euregio Senza Confini"	72

	10.2	Natur- und Kulturschutz als Voraussetzung für nachhaltigen Tourismus: „Groupement européen de coopération territoriale (GECT): Parc européen Alpi Marittime Mercantour / Gruppo europeo di cooperazione territoriale (GECT): Parco europeo Alpi Marittime Mercantour" 76
	10.3	Förderung der nachhaltigen Mobilität für den Rhein-Alpen-Korridor als Beitrag für ein intelligentes Verkehrsmanagement: „Interregional Alliance for the Rhine-Alpine Corridor EGTC" 83
	10.4	Grenzüberschreitende Natur- und Kulturerlebnisregion: „Europäischer Verbund für territoriale Zusammenarbeit (EVTZ) Geopark Karawanken". 89
	10.5	Nachhaltiger Tourismus, umweltfreundliche Mobilität und regionale Identität: „EGTC Alpine Pearls – eco-friendly escapes" 94
	10.6	Grenzüberschreitende akademische Kooperation: „EVTZ Wissenschaftsverbund Vierländerregion Bodensee" 99
11	**Vom einstmals einheitlichen Territorium über politische Trennung zu neuer grenzüberschreitender Zusammenarbeit: „EVTZ Europaregion Tirol – Südtirol – Trentino"**............... 105	
	11.1	Tirol – Südtirol – Trentino: Charakteristika – Gemeinsamkeiten und Unterschiede 106
	11.2	Das Problem der „Sprachgrenze" in der Europaregion Tirol – Südtirol – Trentino 110
	11.3	Kennzahlen der Europaregion 112
	11.4	Der Weg zum „Europäischen Verbund für territoriale Zusammenarbeit Tirol – Südtirol – Trentino" 113
	11.5	Die Schritte zur Gründung der „Europaregion Tirol – Südtirol – Trentino" als „Europäischer Verbund für territoriale Zusammenarbeit" (EVTZ) 123
	11.6	Organisationsstruktur der „Europaregion Tirol – Südtirol – Trentino" 129
	11.7	Tätigkeitsbereiche und Aktivitäten der „Europaregion Tirol – Südtirol – Trentino" 130
	11.8	Das Bild der Europaregion in der Öffentlichkeit............... 131
	11.9	Die Meinung der Wirtschaft zur Europaregion 132
	11.10	„Euregio Connect"...................................... 134
	11.11	Die „Europaregion Tirol – Südtirol – Trentino": Chancen und Probleme 135

**12 Die „Europäischen Verbünde für territoriale Zusammenarbeit"
als geeignetes Mittel zur Förderung grenzüberschreitender
Regionen in den Alpen** 139

**Erratum zu: Vom einstmals einheitlichen Territorium über politische
Trennung zu neuer grenzüberschreitender Zusammenarbeit:
„EVTZ Europaregion Tirol – Südtirol – Trentino"**............. E1

**Anhang – Liste der Europäischen Verbünde für territoriale
Zusammenarbeit** 145

Literatur.. 159

Grenzregionen in den Alpen und ihre Probleme 1

Grenzregionen sind grundsätzlich Gebiete, die in der Raum- und Regionalplanung benachteiligt sind, da sie abseits von den Zentren „am Rande" der Staaten liegen. Besonders evident wird dies an einem Staatenverbund wie der Europäischen Union (EU), in der 27 Staaten mit einer Vielzahl von Grenzen und damit zahlreichen Grenzregionen zusammengeschlossen sind. Das erklärte Ziel der EU ist es, durch Überwindung solcher Staatsgrenzen deren Bedeutung zu mindern und damit einen besseren Zusammenhalt der Union zu bewirken. Dies ist umso sinnvoller, als Probleme zumeist nicht auf Staaten beschränkt sind, sondern häufig grenzübergreifend auftreten. Sie sollten daher auch grenzüberschreitend gelöst werden. Um dies zu erreichen, wurden verschiedene Fördermöglichkeiten geschaffen, durch die besonders betroffene Gebiete angrenzender Staaten in die Lage versetzt werden, gemeinsame Anstrengungen zu unternehmen, anstelle nur jeweils für sich allein Projekte durchzuführen, die für einen größeren Zusammenhang nicht praktikabel sind. Anstatt der Beibehaltung von Grenzen regionale Kooperationen zu forcieren, ist wesentlich sinnvoller, als es jedem Grenzraum zu überlassen, nur für sein eigenes Gebiet nach Lösungen zu suchen.

Die von der EU geschaffenen und finanziell unterstützten „Europäischen Verbünde für territoriale Zusammenarbeit" (EVTZ) sind hierbei ein geeignetes Mittel, um Grenzregionen zu fördern, die im Vergleich zu anderen Gebieten schwierigere Standortfaktoren aufweisen. Das Ziel eines EVTZ ist es, grenzüberschreitend Probleme anzugehen und die territoriale Zusammenarbeit zwischen seinen Mitgliedern zu erleichtern, um auch auf diese Weise den wirtschaftlichen, sozialen und territorialen Zusammenhalt in der EU durch gemeinsame lokale und regionale Initiativen zu stärken. Grenzregionen werden so durch die Möglichkeit, Zuwendungen aus den europäischen Fördermitteln zu erhalten, wirtschaftlich gestärkt. Dies spart Energie, Geld und Arbeitskraft, und es fördert durch seine Synergieeffekte das Hauptziel der Europäischen Union, nämlich ihre „Kohäsion" zu stärken.

Dass dies besonders an Grenzen sinnvoll ist, liegt auf der Hand. Denn gerade hier muss das Trennende überwunden werden, und es kann durch gemeinschaftliche

Arbeit an gemeinsamen Problemen das gegenseitige Verständnis wesentlich fördern. Neben den wirtschaftlichen Effekten, die durch die Einrichtung eines EVTZ erreicht werden können, ist so auch das psychologische Moment nicht zu unterschätzen. Denn es kann dazu führen, dass bestehende Vorurteile abgebaut und gutnachbarliche Beziehungen aufgebaut werden. Wie dies funktionieren kann, zeigt das Beispiel der Alpen, die als Hochgebirge schon von ihren natürlichen Voraussetzungen her von vornherein spezielle Probleme haben. Zugleich haben sieben Staaten an ihnen Anteil. Hier lässt sich daher besonders gut aufzeigen, dass grenzüberschreitende Kooperationen erforderlich sind, zu Erfolgen führen und beträchtliche Fortschritte für die beteiligten Länder bringen. Aus seinerzeit kaum überwindbaren Grenzräumen entstanden so grenzübergreifende Kooperationen, durch die Probleme, die gleichermaßen auf beiden Seiten bestanden, gelöst werden können. Somit können die EVTZ Vorbilder für das engere Zusammenwachsen der EU auf staatlicher Ebene werden und auch dem breiteren Publikum vor Augen führen, dass „Europa" auch in diesem Zusammenhang Vorteile hat, und dass engstirniges Kirchturmdenken keine sinnvolle Alternative darstellt. Das vorliegende Buch richtet sich daher nicht nur an Wissenschaftler, sondern an einen breiteren Leserkreis, der sich mit der Europäischen Union befassen will und sich speziell für bestimmte Aspekte der Förderung von Grenzregionen interessiert (Abb. 1.1).

Abb. 1.1 Die Alpenländer. (Quelle: Haack Verbundatlas, Allgemeine Ausgabe Sekundarstufe I ab 2025, Klasse 5–10/978-3-12-828493-4/Seite 66/67)

Territorium und Grenzen – „... sunt certi denique fines" 2

> *Horaz (Satiren I, 1, 106-107):*
> *„Est modus in rebus, sunt certi denique fines,*
> *quos ultra citraque nequit consistere rectum."*
> *„Bei allen Dingen muss man das richtige Maß einhalten, denn es gibt schließlich bestimmte Grenzen.*
> *Wenn man diese übertritt, verlässt man den Rahmen des Rechts."*
> *(eigene Übersetzung)*

Der Begriff „Grenze" ist außerordentlich vieldeutig. Grenzen umgeben Territorien verschiedener Art. Sie sind sichtbar in der Landschaft oder fühlbar oder auch unsichtbar. Am bekanntesten sind Grenzen, die geographische Räume abgrenzen. Dabei handelt es sich um Staatsgrenzen, politische oder administrative Grenzen, die ein räumliches Territorium umgeben. Alle Menschen, die einmal in ein anderes Land gereist sind, kennen die Prozeduren eines Grenzübertritts aus eigener Erfahrung. Denn das Überqueren solcher Grenzen ist immer mit bestimmten Kontrollen verbunden, die man über sich ergehen lassen muss. Diese können, je nach dem besuchten Land, locker sein oder auch schärfer ausfallen.

Nähern wir uns der Thematik „Grenze" zunächst etwas allgemeiner: Schon das einzelne Individuum hat eine unsichtbare Grenze um sich, einen kleinen, quadratmetermäßig nicht quantifizierbaren Raum der eigenen Persönlichkeit: die Privatsphäre, in die andere Menschen nicht ohne sein Einverständnis eindringen dürfen – nach dem Motto: „Halten Sie Abstand, bleiben Sie auf Distanz, kommen Sie nicht näher, rücken Sie mir nicht auf die Pelle ... ich fühle mich bedroht!" Die eigene Wohnung oder das eigene Haus wäre die nächsthöhere Einheit, in der mehrere Menschen leben können. Möglicherweise ist dieser Wohnbereich durch einen Zaun abgegrenzt, um zu dokumentieren, dass „für Unbefugte" ein Zutritt nicht erwünscht ist. Auch ohne eine solche „Grenzmarke" ist klar: „Dieses Anwesen gehört mir – bleiben Sie bitte draußen, es sei denn, ich bin einverstanden, dass Sie hereinkommen."

Die nächstgrößere Einheit wären etwa Stadtviertel mit einem bestimmten sozialen, ethnischen, altersmäßigen Gefüge, in dem sich die Bewohner als Gruppe geborgen fühlen. Solche städtischen Strukturen sind nicht unbedingt durch Grenzen geprägt, die auf den ersten Blick auffallen, sondern beispielsweise durch eine bestimmte Bausubstanz, die die soziale und finanzielle Situation der dortigen Bevölkerung widerspiegelt.[1] Mehrere Stadtviertel bilden dann eine Stadt, die ihr Areal durch eine Stadtgrenze manifestiert. In früheren Zeiten, bis ins Mittelalter, waren Stadtmauern der sichtbare Ausdruck des städtischen Territoriums. Sie sollten die Städte vor Angriffen von außen schützen und gleichzeitig dokumentieren, dass in der Stadt eine eigene Gesetzlichkeit galt, z. B. nach dem Prinzip „Stadtluft macht frei". Spätestens seit der Industrialisierung sind die Stadtmauern großenteils verschwunden, da sie die Entfaltungsmöglichkeiten einschränkten und militärisch bald keine Funktion mehr besaßen. Dass Stadtgrenzen nach wie vor auch ohne Stadtmauern existieren, wird etwa durch den Geltungsbereich der Autokennzeichen dokumentiert, wie es in Deutschland besonders gut zu sehen ist. Größere Regionen, Landkreise, wären die nächsthöheren territorialen Einheiten, die, wenn wir uns der Einfachheit halber auf Deutschland beschränken, in Regierungsbezirken, diese dann in Bundesländern zusammengefasst werden. Diese bilden dann gemeinsam den Staat, in unserem Fall die Bundesrepublik Deutschland.

Politische Grenzen sind zweifellos diejenigen, die die Menschen am stärksten wahrnehmen. Doch es gibt auch andere Grenzen, die vom menschlichen Handeln unabhängig sind: Natürliche Grenzen existieren zwischen verschiedenen Landschaftstypen, großräumig zwischen den großen Klima- und Vegetationszonen der Erde. Kulturelle Grenzen bestehen außerdem zwischen verschiedenen Kulturräumen, ethnischen und religiösen Bevölkerungsgruppen sowie Sprachräumen. Soziale Grenzen findet man etwa im gesellschaftlichen Gefüge von Städten, zwischen reichen und armen Bevölkerungsschichten. Der Begriff „Grenze" wird außerdem auch in nicht-räumlichen Zusammenhängen benutzt. So begrenzen Gesetze, aber auch ethische und religiöse Vorstellungen, Moralvorstellungen und Konventionen, an die man sich halten muss, ebenso wie das eigene Gewissen das Tun der Menschen. Sie stellen Richtlinien dar, in deren Rahmen sich die Aktivitäten der Menschen bewegen dürfen. Schließlich ist, wie erwähnt, die Privatsphäre auch eine Art von Grenze, in die Außenstehende nicht eindringen dürfen.

---

[1] Ausnahmen sind natürlich Stadtviertel, in denen bestimmte Bevölkerungsgruppen zwangsweise angesiedelt wurden, wie die Ghettos der jüdischen Bevölkerung oder die Townships in Südafrika während der Apartheid.

2.1 Politische Grenzen

Der Staat ist diejenige territoriale Einheit, die sichtbare „nationale" Grenzen besitzt, die ihn von Nachbarstaaten absetzen. Staaten sind politisch-administrative Systeme, die durch eine spezifische Organisation der Machtbefugnisse und eine originäre Kompetenzverteilung gekennzeichnet sind. Die Grenzen definieren das Territorium, „wo die Exklusivität der Staatsmacht auf einem Gebiet durch die Existenz einer identifizierten Bevölkerung legitimiert ist".[2] Diese Abgrenzung verweist also auf das Ausübungsgebiet der nationalen Souveränität. Die politischen Grenzen werden zumeist präzise durch Abkommen definiert und durch Grenzsteine (Demarkationen) markiert (Abb. 2.1).

Für einen Staat gilt im Prinzip die Definition, die bereits der römische Politiker und Philosoph Cicero in seiner Schrift „De re publica" (deutsche Übersetzungen: „Vom Staat" oder „Über das Gemeinwesen") gegeben hat:

> „Der Staat ist also die Sache des Volkes; das Volk aber ist nicht jede Vereinigung von Menschen, welche auf irgendeine Weise geschlossen wurde, sondern es ist diejenige Vereinigung einer Menschenmenge, welche basierend auf ihrer Übereinstimmung in den Rechtsvorstellungen und auf ihrer Gemeinsamkeit des Vereinigungsnutzens zusammengeschlossen wurde."[3]

Innerhalb der Staaten gelten Verfassungen und bestimmte Rechts- und Wirtschaftssysteme. Diese sind anerkannte Regelwerke, an die sich alle Einwohner des Staates halten müssen. Verfassungen stellen als oberstes anerkanntes Prinzip das Dach dar, unter dem sich die Gesamtbevölkerung wiederfindet. Die Staatsgrenzen umschließen deren Geltungsbereich. Staaten können Grenzübertritte, Ausreise ihrer

Abb. 2.1 Grenze zwischen Österreich und Deutschland am Gipfel der Zugspitze. Grenzschild des Freistaates Bayern. (Picture alliance/imageBROKER/Raimund Kutter/107195662)

---

[2] Grenzen von Staaten können friedlich entstehen; sie können aber auch durch Gewalt und kriegerische Aktivitäten gebildet oder verschoben werden.

[3] Dies betrifft natürlich nur Staaten, in denen die Individuen frei sind, ihre Meinung zu artikulieren. In Diktaturen besteht diese Möglichkeit nicht.

Bürger und Einreise von Bürgern anderer Staaten reglementieren. Wie rigoros dies geschieht, ist unterschiedlich und unterliegt den jeweiligen und sich ändernden politischen Gegebenheiten. Ein weiteres Kennzeichen ist, dass die Bevölkerung in einem Staat die gleichen Werte teilt. In einem demokratischen Staat sind dies beispielsweise die Menschenrechte.

Die Staaten sind normalerweise in kleinere administrative Einheiten, „hierarchisierte Körperschaften des öffentlichen Rechts" aufgeteilt, die abgestuft mehrere Ebenen der Eigenverantwortung haben und von den kleinsten Einheiten über eine mittlere bis zur obersten Ebene, also von „unten nach oben", zunehmende Machtbefugnisse besitzen. Am Beispiel Deutschlands sei dies kurz erläutert: Die unterste und flächenmäßig kleinste Ebene sind etwa Gemeinden. Diese bilden zusammen Landkreise, mehrere von diesen einen Regierungsbezirk, von denen mehrere zu Bundesländern zusammengefasst werden. Die Bundesländer stehen unterhalb der Ebene des Staates, der die wichtigsten Kompetenzen besitzt, und dessen Grenze die entscheidende Trennungslinie gegenüber anderen Staaten bildet.[4]

Staatenbünde umfassen schließlich mehrere Staaten, deren politische Ziele übereinstimmen. Solche überstaatlichen, internationalen Zusammenschlüsse sind die Europäische Union, die NATO oder die OPEC, die aus gemeinsamen Interessen der beteiligten Länder erwachsen sind. Die Staaten geben einen Teil ihrer hoheitlichen Rechte zugunsten der größeren territorialen Einheit auf. Sie koordinieren ihre politischen Aktivitäten bis zu einem gewissen Grad gemeinsam. Beispiele dafür sind das Schengener Abkommen, das den weitgehenden Verzicht auf Personenkontrollen in den meisten EU-Ländern beinhaltet oder die Eurozone, die in den Mitgliedsländern anstelle der früheren eigenen Währungen den Euro als gemeinsames Zahlungsmittel installiert hat. Weltumfassende Zusammenschlüsse, deren Mitglieder fast alle Staaten der Welt sind, sind etwa die Vereinten Nationen (UNO) oder deren Vorläufer, der Völkerbund.

2.2 Markierung von politischen Grenzen

Politische Grenzen wurden seit jeher durch Grenzsteine markiert. Schlagbäume und Schranken wurden errichtet, um kontrollieren zu können, welche Personen die Grenze überschreiten durften. Wälle, Gräben und Mauern sind bereits frühe Zeugen dafür, wie man Grenzen sicherte. Ebenso existierten Grenzbefestigungen seit früher Zeit, um unliebsame Eindringlinge abhalten zu können. Aus der jüngsten deutschen Geschichte sind solche Grenzbefestigungen in trauriger Erinnerung. Es handelt sich um die „innerdeutsche Grenze" zwischen der damaligen Bundesrepublik Deutschland und der Deutschen Demokratischen Republik (DDR), die nach dem Zweiten Weltkrieg als Demarkationslinie zwischen den Besatzungszonen der Westmächte und der sowjetischen Besatzungszone festgelegt wurde und nach der Gründung der beiden deutschen Staaten weiterbestand. Die Grenze wurde auf 1400 km Länge

---
[4] S. hierzu grundsätzlich Wassenberg, Birte, Reitel, Bernard (2015): Die territorialw Zusammenarbeit in Europa. Eine historische Perspektive, S. 8 ff.

2.2 Markierung von politischen Grenzen

Abb. 2.2 Wachturm und Grenzanlagen bei Dankmarshausen in der ehemaligen DDR. (Aufnahmedatum: 1. Januar 1985). (Picture alliance/SZ Photo/Uwe Gerig/455870716)

Abb. 2.3 Die Berliner Mauer: Verlauf, zentrale Daten und Querschnitt der Grenzanlage. (Picture alliance/dpa/dpa Grafik/dpa-infografik GmbH/251876084)

durch massive Befestigungen auf Seiten der DDR errichtet, um Bewohner an der Flucht in den Westen zu hindern (Abb. 2.2).

Die Berliner Mauer war ein weiteres Grenzbefestigungssystem der DDR, das die drei Westsektoren vollständig umschloss und die Verbindungen nach außen unterband (Abb. 2.3). Während des Kalten Kriegs waren diese Grenzen gleichzeitig ein Teil des „Eisernen Vorhangs" zwischen Osten und Westen. Ab 1961 wurde die

Grenze auf Seiten der DDR mit Grenzzäunen, Sperrgräben und Beobachtungstürmen ausgerüstet, vermint und später mit Selbstschussanlagen ausgestattet. In diesem Todesstreifen fanden viele Flüchtlinge den Tod, da die DDR-Grenztruppen den Befehl hatten, „Grenzverletzter auszuschalten". Der Mauerfall am 9. November 1989 leitete das Ende dieser unmenschlichen Grenze ein, was mit dem Beitritt der DDR zur Bundesrepublik am 3. Oktober 1990 besiegelt wurde.

Es gibt eine Fülle von aktuell immer noch existierenden Grenzbefestigungen zwischen Staaten. Einige seien kurz erwähnt: So bestehen undurchdringliche Grenzbefestigungen wie etwa die „Demilitarisierte Zone" zwischen Südkorea und Nordkorea. Zu nennen sind auch die Grenze zwischen Israel und dem Westjordanland sowie die Bemühungen von Donald Trump, die bestehenden Grenzhindernisse zwischen den USA und Mexiko auszubauen und mit einer unüberwindbaren Mauer zu versehen, um den ungeregelten Zuzug von Asylanten aus Mexiko zu unterbinden.

Solche Grenzbefestigungen bestanden freilich bereits seit der Antike, wie es am Beispiel des Römischen Reiches deutlich wird, das in seiner größten Ausdehnung von Britannien bis Afrika und vom Atlantik bis zum Roten Meer und Mesopotamien reichte. Wo natürliche Grenzen fehlten, die leicht zu verteidigen waren (Flüsse, Wüsten, Meere),[5] errichteten die Römer in der Zeit vom 1. bis 6. Jahrhundert Befestigungsanlagen: den „Limes" (Plural: Limites – es gab diese Befestigungen in allen Reichteilen). Die bekanntesten Limites sind der Obergermanisch-Raetische Limes in Deutschland, der Norische Limes in Österreich und der Hadrianswall in Großbritannien (Abb. 2.4). Die Limites waren nicht völlig gleichgestaltet, ihre Ausbildung und Ausrüstung richtete sich nach dem Gelände und der von außen drohenden Gefahr. Üblich waren jedoch Palisaden, auch Steinmauern; in regelmäßigen Entfernungen standen Wachtürme und Kastelle, von denen aus man die Vorkommnisse im Vorfeld überblicken konnte. Gute Kommunikationsmöglichkeiten erlaubten es, mobile Truppen schnell herbeizurufen, um unerwünschte Grenzübertretungen abzuwehren. Doch waren diese Grenzen nicht nur von militärischer, sondern auch von wirtschaftlicher Bedeutung, denn hier bestand die Möglichkeit des Warenaustauschs zwischen dem römischen Gebiet und den jeweiligen Vorländern.

Ein weiteres Beispiel für eine solche Grenzsicherung ist die Chinesische Mauer, die unter anderem während des 14. Jahrhunderts unter der Ming-Dynastie errichtet wurde, um die Einfälle der Steppenvölker, u. a. der Mongolen, abzuwehren (Abb. 2.5). Jedoch handelt es sich nicht um eine einzige Mauer, sondern ein System von Mauern, die mit unterschiedlichen Baumaterialien und zu verschiedenen Epochen bereits in früheren, aber auch in späteren Zeiten errichtet wurden. Alle dienten jedoch demselben Zweck, nämlich dem Schutz der Grenzen des „Reichs der Mitte". Die „klassische" Große Mauer wird genauer als „Große Mauer der Ming-Zeit" bezeichnet.

Innerhalb der EU hat die Bedeutung der inneren Grenzen sukzessive abgenommen; die Grenzen haben ihren trennenden Charakter für die Menschen verloren. Am Beispiel der Grenze zwischen Deutschland und den Benelux-Staaten künden nur noch die ehemaligen Zoll-Grenzhäuschen von der Existenz einer Grenze. Sie sind heute vielfach einem sinnvolleren Zweck zugeführt und dienen

---

[5] Einen Fluss als Grenze des römischen Machtbereichs nennt man auch einen „nassen Limes".

2.2 Markierung von politischen Grenzen

Abb. 2.4 Rekonstruiertes Römerkastell Saalburg, Obergermanisch-Raetischer Limes, Bad Homburg vor der Höhe, Taunus. (Picture alliance/imageBROKER/Raimund Kutter/514786844)

Abb. 2.5 Teil der „Großen Chinesischen Mauer" in Badaling bei Beijing. (Picture alliance/Zoonar/fabio lotti/259372453)

etwa als kulturelle Zentren. Die Zollgrenzen bleiben allerdings auch innerhalb der EU bestehen. Andererseits gewinnen die EU-Außengrenzen anstelle der Binnengrenzen immer größere Bedeutung, da der Migrationsdruck in Richtung EU aus Afrika und Asien erheblich angestiegen ist und auch in Zukunft weiter bedeutsam bleiben wird. Die Diskussion um die Migrationspolitik und die Rolle dieser Außengrenzen ist innerhalb der EU umstritten.

2.3 Veränderungen von Staatsgrenzen und Grenzkonflikte

Veränderungen von Staatsgrenzen sind im Laufe der Geschichte gang und gäbe. Kein Staat der Erde hat eine Grenze, die seit Jahrhunderten unverändert existiert. Wenn man lediglich die jüngere Geschichte Mitteleuropas seit dem ausgehenden 19. Jahrhundert betrachtet und die damaligen Staaten und ihre Grenzen mit den heutigen vergleicht, wird klar, welche Wandlungen sich insbesondere nach den beiden Weltkriegen ergeben haben. Flächenmäßig große Staaten prägten am Ende des 19. Jahrhunderts das zentrale Europa: das Deutsche Kaiserreich (nach der Bismarck'schen Reichseinigung), Österreich-Ungarn, Frankreich, Italien, daneben einige kleinere Staaten: Niederlande, Belgien, Luxemburg und die Schweiz. Heute existieren in ungefähr demselben Raum die Bundesrepublik Deutschland, Polen, Tschechien, die Slowakei, Ungarn, Österreich, Slowenien, Kroatien, Italien, Frankreich und die Benelux-Staaten. Diese Vielzahl heutiger Staaten erklärt sich vor allem aus der Auflösung der Donaumonarchie nach der Niederlage im Ersten Weltkrieg, aus den Folgen der deutschen Niederlage im Zweiten Weltkrieg, der deutschen Wiedervereinigung und dem Ende des Ostblocks. Der Zusammenschluss der meisten europäischen Länder zur Europäischen Union führte dann dazu, dass die Binnengrenzen zwischen den Mitgliedsstaaten einen Großteil ihrer früheren Bedeutung verloren.

Die staatliche Entwicklung Deutschlands zeigt solche Veränderungen besonders deutlich: Deutschland hatte nach dem Ersten Weltkrieg die nach den polnischen Teilungen des 18. Jahrhunderts an Preußen gefallenen Gebiete großenteils an den wiedererrichteten polnischen Staat verloren. Elsass-Lothringen wurde wieder an Frankreich abgetreten, ebenso die damaligen preußischen Ostkantone an Belgien und der nördliche Teil Schleswigs an Dänemark. Nach der Niederlage Deutschlands im Zweiten Weltkrieg wurde von den Siegermächten die Oder-Neiße-Linie als westliche Grenze Polens fixiert und Deutschland in Besatzungszonen geteilt, aus denen die Bundesrepublik Deutschland (westliche Besatzungszonen) und die Deutsche Demokratische Republik (sowjetische Besatzungszone) hervorgingen. Die DDR erkannte die Oder-Neiße-Linie schon früh als Grenze zu Polen an. In der Bundesrepublik geschah dies erst im Zusammenhang mit der neuen deutschen Ostpolitik unter Bundeskanzler Brandt, in deren Gefolge die bestehenden Grenzen in Europa als unverletzlich anerkannt wurden. Im Zuge der Wiedervereinigung wurden das Staatsgebiet endgültig festgelegt und zwar aus den Gebieten der Bundesrepublik Deutschland, der Deutschen Demokratischen Republik und Berlins, und die Ostgrenze Deutschlands wurde fixiert. Die Bedeutung der Grenze zu Polen hat sich mit dem Beitritt Polens zur NATO, zur EU und zum Schengen-Vertrag stark reduziert.

Ebenso groß wie die Zahl der Grenzveränderungen ist diejenige der ungelösten Territorialkonflikte. Auf Wikipedia findet sich eine Liste der zahllosen aktuellen Territorialstreitigkeiten.[6] Besonders problematisch sind gegenwärtig die Seegrenzen im Südchinesischen Meer, an dem sämtliche Anrainer aufgrund der dortigen Erdöl- und Erdgasvorkommen und auch wegen seiner geostrategischen Bedeutung Interesse haben. Chinas Anspruch auf den größten Teil dieser Region wird von den anderen Anrainerstaaten nicht anerkannt und birgt das Risiko eines größeren Konflikts. Militärische Konfrontationen sind dort seit Jahren an der Tagesordnung.

2.4 Natürliche Grenzen

Natürliche Grenzen werden durch Relief, Klima und Vegetation bestimmt. Gebirge, insbesondere Hochgebirge, bilden orographisch und klimatisch natürliche Barrieren (Abb. 2.6),[7] an die sich auch politische Grenzen anschließen können, wie in den Anden die Staatsgrenze zwischen Chile und Argentinien oder in den Pyrenäen die Grenze zwischen Frankreich und Spanien. Dies liegt dort nahe, da jeweils ein relativ klar definierbarer „Hauptkamm" existiert. Der Himalaya trennt orographisch und klimatisch den indischen Subkontinent vom zentralasiatischen Raum. Auch hier befinden sich zahlreiche politische Grenzen (Pakistan, Indien, Nepal, Bhutan, Tibet, China). In Hochgebirgen, die flächenmäßig nicht nur eine große Längserstreckung haben, sondern auch eine ausgedehnte Breite, ist eine lineare Festlegung einer natürlichen Grenze oft nicht möglich. Diese Hochgebirge bilden dann weiter ausgedehnte Grenzräume, in denen sich verschiedene Kulturen herausgebildet haben. Beispiele sind der Kaukasus (Georgien, Russland, Aserbaidschan, Armenien) und die Alpen (Frankreich, Italien, Schweiz, Liechtenstein, Deutschland, Österreich, Slowenien).

In solchen Hochgebirgen gibt es dementsprechend nicht nur eine, sondern zahlreiche Staatsgrenzen. Sie folgen nur teilweise natürlichen Gegebenheiten, sondern sind eher aufgrund politischer Entscheidungen oder Konflikte entstanden.

Flüsse können natürliche Grenzen sein, wie der Rio Grande zwischen den USA und Mexiko oder die Oder-Neiße-Linie als heutige Ostgrenze Deutschlands. Sie wurden als markante „sichtbare" Grenzlinie gewählt. Andererseits können Flüsse einheitliche Kulturräume hervorbringen, wie die großen alten potamischen Kulturen zeigen: Nil in Ägypten, Euphrat und Tigris in Mesopotamien, Indus in Pakistan. Hier bildeten Flüsse nicht die Grenzen, sondern den Kernraum der dortigen anti-

---

[6] Territorialstreitigkeiten: https://de.wikipedia.org/wiki/Liste_von_Territorialstreitigkeiten.

[7] „Die *natürlichen Grenzen* schließlich sind solche, die von den Staaten über sichtbaren geographischen Barrieren errichtet wurden, die den Eindruck der Trennung und der Distanzierung real und zugleich symbolisch verstärken, wie z. B. Berge oder Flüsse. Diese natürlichen Elemente erfordern technische Mittel für ihre Überwindung, die nicht nur kostspielig sind, sondern auch in schwierigen Verhandlungen ausgearbeitete Abmachungen verlangen, den Bau von Brücken, Tunneln usw." (Wassenberg, Birte, Reitel, Bernard (2015), S. 10).

Abb. 2.6 Hochgebirge als Landschaftsgrenze: Alpenvorland am Bodensee vor den Schweizer Alpen. (Picture alliance/Westend61/Westend61/Holger Spiering/52239407)

ken Staaten. Sie stellten früher viel eher einende Handelswege als trennende Hindernisse dar. Zudem waren die Flüsse noch nicht begradigt und änderten häufig ihren Lauf, was die Festlegung einer eindeutigen Grenzlinie erschwerte. Im Oberrheingebiet verläuft heute die Grenze zwischen Deutschland und Frankreich am Verlauf des Rheins. Allerdings mäandrierte auch der Rhein in zahlreichen Flussschlingen, bis die unter Tulla im Jahre 1817 begonnene und bis 1876 durchgeführte Rheinbegradigung einen klaren Talweg schuf. Abgesehen davon, dass diese Grenze heute keine Bedeutung mehr hat, ist der Rhein immer mehr die zentrale Linie eines bis heute überdauernden gemeinsam geprägten Natur- und Kulturraumes geblieben.

Großräumig bilden Klima und Vegetation im globalen Maßstab natürliche Grenzen heraus (Abb. 2.7). Zwischen Polargebieten, mittleren Breiten, Subtropen, Wüstengebieten und tropischem Regenwald etc. befinden sich keine linearen Trennlinien, sondern es handelt sich um mehr oder wenig breite Streifen des Übergangs („Grenzgürtel"). Das Klima richtet sich nicht nach politischen Grenzen und diese sich ebenfalls nicht nach dem Klima. Im kleineren Rahmen bilden Hochgebirge Wetterscheiden und Klimagrenzen, allerdings ebenfalls Übergangsräume, je breiter ausgedehnt sie sind. Der Luftraum entspricht in seiner flächenmäßigen Ausdehnung dem Territorium und den Grenzen des entsprechenden Staates und umfasst in der Vertikalen die Lufthülle senkrecht über der Erdoberfläche. Die natürliche Seegrenze ist der Übergang vom Land zum Meer.[8]

---

[8] Jedoch dürfen Küsten- oder Inselstaaten aufgrund des Seerechtsübereinkommens der Vereinten Nationen „Territorialgewässer" (Küstenmeer) mit einer Ausdehnung von 12 Seemeilen beanspruchen. In dieser Zone besteht die volle nationale Souveränität, sie wird als Fortsetzung des

Abb. 2.7 Natürliche Trockengrenze: Oase inmitten der Wüste in Marokko. (Picture alliance/Shotshop/Addictive Stock/315838379)

2.5 Kulturelle Grenzen

Eine Kulturgrenze begrenzt verschiedene Kulturräume. Innerhalb einer Kultur existiert eine gewisse Zusammengehörigkeit der dort lebenden Bevölkerung, die sich in verschiedenen Bereichen dokumentiert. Insbesondere in Hochgebirgsregionen treten Kulturgrenzen häufig in Form von Kulturscheiden auf. Unüberwindbare Hochgebirgspässe bilden natürliche Barrieren, sodass die Entwicklung der Kulturen zu beiden Seiten einer solchen Scheide über hunderte von Jahren verschieden verläuft. Eine der deutlichsten Kulturgrenzen sind die Sprachgrenzen. Häufig befinden sie sich an natürlichen Grenzen, wie unüberwindbaren Gebirgen oder Flüssen. Wie das

---

Landterritoriums gesehen. Auf das Küstenmeer folgt eine Anschlusszone von weiteren 12 Seemeilen (22,224 km), in welcher der Küstenstaat hoheitsrechtliche Kontrollfunktionen, d. h. eingeschränkte staatliche Hoheitsrechte ausüben kann, z. B. die Finanz-, Zoll-, Gesundheits- und Einwanderungshoheit. – Jeder Küstenstaat kann zusätzlich eine ausschließliche Wirtschaftszone mit einer Breite von insgesamt 200 Seemeilen (370,4 km) – gerechnet von der Küste, also unter Einschluss der 12 Seemeilen des Küstenmeeres – beanspruchen. Hier hat der Küstenstaat das ausschließliche Nutzungsrecht über sämtliche natürlichen Ressourcen und wirtschaftlichen Aktivitäten, einschließlich wissenschaftlicher Forschung und Umweltschutz. S. Kreisel, Werner (2015): Seerechtsgrenzen und ihre Bedeutung. In: Stadelbauer, J. (Hrsg.): Handbuch des Geographieunterrichts, Band 7, Politische Räume, Aulis-Verlag, S. 290-309.

Relief zur Ausbildung solcher Sprachgrenzen führt, zeigt sich besonders deutlich an einem sonst wenig bekannten Beispiel, der riesigen pazifischen Insel Neuguinea (786.000 km², politisch geteilt in das unabhängige Papua-Neuguinea und das von Indonesien annektierte West-Papua). Das dortige kleingekammerte Relief hat unzählige kleine Talschaften hervorgebracht, die voneinander durch häufig unüberwindbare Gebirgskämme getrennt sind. Als Folge dieser naturräumlichen Bedingungen haben sich in Neuguinea unterschiedliche und ganz kleinräumige Kulturen herausgebildet, die sich jeweils auf eine Talschaft beschränken. Der hörbare Ausdruck dieser Situation ist die Tatsache, dass auf dieser Insel etwa 900 verschiedene Sprachen gesprochen werden, die bereits in der nächsten Talschaft nicht mehr verstanden werden und sich teilweise völlig voneinander unterscheiden.

Kulturen, Völker, Ethnien, soziale Gruppen, Religionen, Wirtschaftssysteme und Sprachen haben bestimmte Grenzen. Religiöse Grenzen bestehen, grob gesagt, etwa zwischen dem katholisch und protestantisch geprägten westlichen, zentralen, nördlichen und südlichen Europa gegenüber dem christlich orthodox bestimmten östlichen und auch südöstlichen Europa sowie den kleineren muslimischen Gebieten (Bosnien, Albanien). Ethnische und soziale Grenzen existieren sowohl großräumig als auch in kleineren territorialen Einheiten (Städte). Unterschiedliche Wirtschaftssysteme bilden Kulturgrenzen aus, etwa zwischen Marktwirtschaft und Planwirtschaft. Architektur, Bauweise, aber auch Wertsysteme und Verhaltensweisen der Bevölkerung haben ihre räumliche Ausprägung.

Diese Grenzen können sich, wie angedeutet, im Kleinen, etwa in Stadtvierteln, herausbilden, oder aber größere Regionen umfassen, die von einer Ethnie oder einer Religion geprägt werden. Wenn sich solche Charakteristika auf einen gesamten Staat erstrecken, spricht man von „Staatsreligion" oder „Staatsvolk", was aber in dieser Form nicht häufig der Fall ist, insbesondere, wenn es sich um demokratische Systeme handelt, deren Anliegen der Schutz von Minderheiten zu sein hat. In diesen kann es kein Staatsvolk und auch keine Staatsreligion geben, sondern nur Mehrheiten der Bevölkerung, die der oder jener Religion bzw. der oder jener Ethnie angehören. Kulturelle Grenzen sind fließend und können sich im Laufe der Zeit ändern. Oftmals durchschneiden politische Grenzen einheitliche Kulturräume, wie dies bei den heutigen Staaten Afrikas der Fall ist. Die dortigen Grenzen wurden durch die beteiligten Kolonialmächte willkürlich ohne Rücksicht auf kulturelle Gegebenheiten gezogen, was bis heute zu Konflikten führt.

Weder natürliche noch politische Grenzen trennen jedoch automatisch Kulturräume, etwa Sprachräume. Hierfür gibt es unzählige Beispiele, von denen nur die Schweiz erwähnt sei (Abb. 2.8). Sie besitzt vier Nationalsprachen: Deutsch, Französisch, Italienisch und Rätoromanisch. Einige Kantone sind deutsch-, andere französischsprachig, einer ist italienischsprachig.[9] In verschiedenen Kantonen halten sich die Sprachen jedoch nicht an die politische kantonale Gliederung. So ist der

---

[9] Diese Bezeichnung ist im Grunde genommen irreführend. Denn keiner der Kantone (und auch sonst kein Territorium weltweit) ist zu hundert Prozent einsprachig. Es handelt sich immer um eine Sprache, die von der Mehrheit der Bevölkerung gesprochen wird, doch es gibt dort überall auch Menschen anderer Muttersprachen.

2.5 Kulturelle Grenzen

Die vier Sprachgebiete der Schweiz

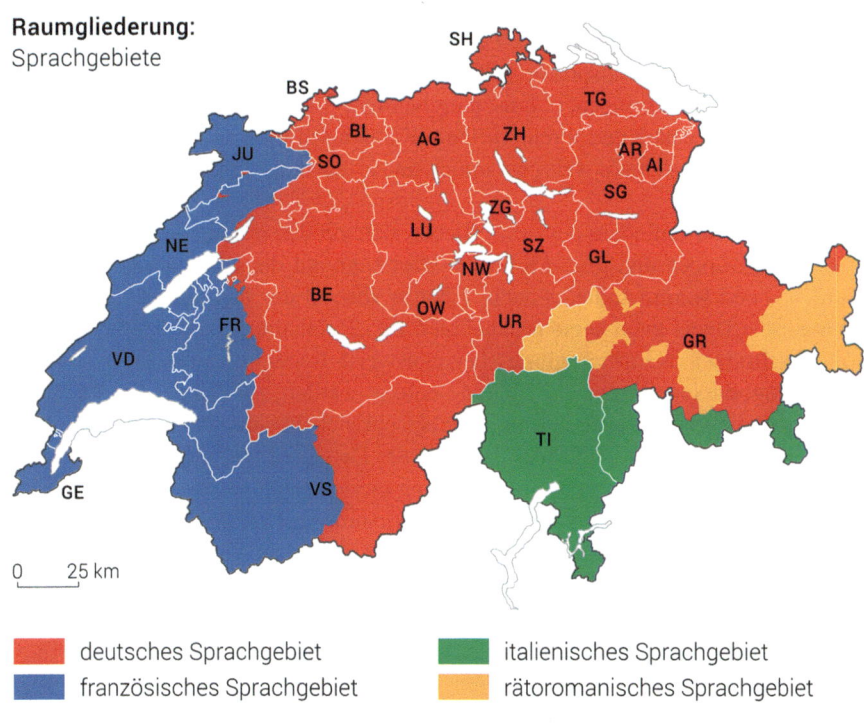

Abb. 2.8 Ein Beispiel für Sprachgrenzen: Die vier Sprachgebiete der Schweiz. (https://www.bfs.admin.ch/bfs/fr/home/statistiques/catalogue.assetdetail.23366958.html; mit freundlicher Genehmigung des Eidgenössischen Departements des Innern EDI, Bundesamt für Statistik BFS, Abteilung Bevölkerung und Bildung BB, Sektion Publishing und Diffusion)

Kanton Wallis zweisprachig: das Unterwallis französischsprachig und das Oberwallis deutschsprachig. Der Kanton Freiburg ist zweisprachig (französisch und deutsch), der Kanton Graubünden deutsch- und rätoromanischsprachig. Der deutschsprachige Kanton Bern hatte im Berner Jura eine französischsprachige Minderheit, die sich jedoch als eigener „Kanton Jura" vom Kanton Bern abspaltete. Dennoch gibt es noch einige französischsprachige Gemeinden am Jurafuß, die beim Kanton Bern geblieben sind.

Sprachgrenzen reichen vielerorts über Staatsgrenzen hinaus. Andererseits gibt es kaum einen Staat auf der Welt, in dem die Bevölkerung vollkommen einheitlich eine einzige Sprache spricht, sodass in fast allen Staaten sprachliche Minderheiten existieren. Hinzu kommt, dass Sprachgrenzen in der Realität fast nie linear existieren. Normalerweise gibt es eine Verzahnung in einer Zone der Mehrsprachigkeit, nur im Zentralbereich der jeweiligen Sprache wird normalerweise ausschließlich diese gesprochen. Die Staaten haben jedoch versucht, die linguistische Grenze an die politische Grenze anzugleichen und dadurch die Einheitlichkeit des Staatsgebiets zu stärken und zu dokumentieren. Das Beispiel ist Frankreich, wo das staatliche Prinzip des Zentralismus auch auf der sprachlichen Ebene wirkte und Französisch als einzige Nationalsprache festlegte. Sprachliche Minderheiten, wie Deutsch im Elsass und in Lothringen, Flämisch im Norden, Bretonisch in der Bretagne, Baskisch in den Pyrenäen und ihrem Vorland, Katalanisch im Roussillon und Languedoc wurden offiziell nicht wahrgenommen und erleben erst in jüngster Zeit eine gewisse Renaissance.

Sprachräume verändern oder verschieben sich mit den jeweils sie prägenden Bevölkerungsgruppen und ihrer Mobilität. Dies kann auf die Dauer nicht verhindert werden – und warum sollte es auch? Ebenso wie auf der räumlichen Ebene kann man auf die Dauer auch keine Maßnahmen zur „Reinhaltung der Sprache" mit Erfolg durchsetzen. Natürlich gibt es beispielsweise Regeln hinsichtlich der Rechtschreibung, die eine bestimmte Zeitlang befolgt werden, etwa in der Schule. Doch ist es nicht zu vermeiden, dass sich Sprachen entwickeln, aus sich heraus verändern oder Elemente anderer Sprachen übernehmen. Dies geht mal schneller, mal langsamer, mal ist das Ergebnis der Entwicklung die vollständige Assimilation an eine andere Sprache, mal geht es nur um die Übernahme bestimmter Ausdrucksweisen. Im Übrigen hat die Globalisierung zu weltumspannenden Wirtschaftsbeziehungen geführt, bei denen Global Players sich überhaupt nicht mehr an staatlichen Grenzen orientieren.

2.6 Wertvorstellungen als Grenzen menschlichen Tuns

Der Begriff „Grenze" wird auch in nicht-räumlichen Zusammenhängen benutzt. So begrenzen Gesetze, aber auch ethische und religiöse Vorstellungen sowie Moralvorstellungen und das eigene Gewissen das Tun der Menschen. Sie stellen Richtlinien dar, im welchem Rahmen sich die Aktivitäten der Menschen bewegen dürfen. Die allgemeinen Menschenrechte und die Verfassungen der einzelnen Staaten etwa sind die Grundlagen dessen, was erlaubt und was verboten ist. „Grenzüberschreitungen" können möglicherweise sanktioniert werden, bis hin zu strafrechtlicher Verfolgung. Die „Zehn Gebote" sind beispielsweise solche religiösen Grundlagen, die bestimmen, welche Taten der Menschen richtig und welche falsch sind und nicht begangen werden dürfen. Die letzteren sind „tabu".

Dieses Wort, das in die Alltagssprache eingegangen ist, beschreibt im Ursprung beispielhaft, wie religiöse Vorstellungen „Grenzen" bilden. Es stammt aus der pazifischen Inselwelt und charakterisiert das dort verbreitete „Tabu-System". „Tabu" (auch „Tapu") bedeutete die Unantastbarkeit und gleichzeitige Wertschätzung einer Sache oder Person, die aus dem „Normalen" herausgehoben wurde. Die Übersetzung als „heilig" trifft den Bedeutungsinhalt nicht vollständig. „Tabu" implizierte aber die Anwesenheit übernatürlicher Mächte (gut oder böse) und erforderte Aufmerksamkeit und Respekt. Es bedeutete, dass bei bestimmten Anlässen Menschen, Orte, Gegenstände oder Handlungen unter Tabu gestellt werden konnten. Das heißt, sie durften nicht berührt, betreten, benutzt oder durchgeführt werden. Man nahm sie also aus dem normalen Alltag heraus und umgab sie mit einem „Stopp-Schild", das nicht unbedingt sichtbar war, aber virtuell existierte. Mit strengen Tabus war das Betreten von Begräbnis- oder Sterbeplätzen, von Versammlungshäusern und Tempelstätten belegt. Das gesamte Leben der Bevölkerung war eingespannt in ein dichtes Gefüge von Tabus: Im Verlauf eines Jahres standen verschiedene Nutzungsareale unter Tabu (Wald, Ackerland, Fluss, Fischgrund), wodurch gewährleistet werden sollte, dass sich die jeweiligen Ressourcen erholen konnten; Pflanz- und Erntezeiten und die Verfügbarkeit von angelegten Vorräten wurden so geregelt. Ebenso waren bestimmte Arbeiten und Handlungen „tabu", das heißt, sie waren besonders geschützt oder durften nicht gestört werden (Ackerarbeiten, zeremonielle Handlungen). Wer eine Tabu-Grenze verletzte, hatte die Konsequenzen und Bestrafung zu gewärtigen. Bestimmte Regeln gelten natürlich auch bei anderen Religionen, etwa hinsichtlich des Betretens von Kirchen, Moscheen, Tempeln, etc.

2.7 Der Schengen-Raum – Beginn der Abschaffung der europäischen Binnengrenzen

Der Schengen-Raum umfasst die Staaten, bei denen systematische Personengrenzkontrollen im Regelfall nicht mehr stattfinden.[10] Dies sind in erster Linie Mitgliedstaaten der Europäischen Union, aber auch einige Nicht-EU-Mitglieder. Im Jahre 1985 wurde in Schengen, einer Gemeinde im Großherzogtum Luxemburg, das namengebende Übereinkommen getroffen. Dies war der erste Schritt zum Wegfall der Binnengrenzkontrollen in Europa, der in der Folge durch mehrere weitere Abkommen erweitert und präzisiert wurde. Die Mitgliedsstaaten sind die folgenden: Belgien, Bulgarien (ab 1. Januar 2025), Dänemark, Deutschland, Estland, Finnland, Frankreich, Griechenland, Island (Nicht-EU-Mitglied), Italien, Kroatien, Lettland, Liechtenstein (Nicht-EU-Mitglied), Litauen, Luxemburg, Malta, Niederlande, Norwegen (Nicht-EU-Mitglied), Österreich, Polen, Portugal, Rumänien (ab 1. Januar 2025), Schweden, Schweiz (Nicht-EU-Mitglied), Slowakei, Slowenien, Spanien, Tschechien, Ungarn (Abb. 2.9 und 2.10). Im Schengen-Raum finden zwar keine systematischen Personengrenzkontrollen an den Binnengrenzen mehr statt,[11] die nationalen Grenzen der beteiligten Staaten sind jedoch durch die Zugehörigkeit zum Schengen-Raum nicht aufgehoben: Zwischen den EU-Mitgliedsstaaten finden weiterhin Zollkontrollen statt. Außereuropäische Teile des Staatsgebietes von EU-Mitgliedern (Frankreich, Niederlande, Spanien) sind nicht in das Schengen-Abkommen einbezogen. Zypern und Irland gehören nicht zum Schengen-Raum, sondern sind nur „Teilanwender". Die Kleinstaaten Andorra, Monaco und Vatikan-

---

[10] Schengen-Raum: https://de.wikipedia.org/wiki/Schengen-Raum. Auswärtiges Amt (19.4.2024), Schengener Übereinkommen: https://www.auswaertiges-amt.de/de/service/visa-und-aufenthalt/schengen/207786.

[11] Gegenwärtig werden allerdings wieder verschärfte Grenzkontrollen an verschiedenen EU-Binnengrenzen eingeführt, um die illegale Zuwanderung einzuschränken.

Abb. 2.9 Zeremonie an der österreichisch-slowenischen Grenze am Karawanken-Tunnel anlässlich des Beitritts Sloweniens zur Schengen-Zone am 21. Dezember 2007. Zwei Paare aus Österreich (links) und Slowenien (rechts) begrüßen sich. (Picture alliance/Kerstin Joensson/369801614)

Abb. 2.10 Im Schengen-Raum spielen die Binnengrenzen vielfach keinerlei Rolle mehr. Das Bild zeigt die deutsch-niederländische Grenze zwischen Herzogenrath (Deutschland), linke Straßenseite (Neustraße), und Kerkrade (Niederlande), rechte Straßenseite (Nieuwstraat). Das Mäuerchen im Vordergrund ist der letzte sichtbare Rest der Staatsgrenze, die durch die sichtbare Rille lediglich noch symbolisiert wird. (Foto: Bettina Kreisel)

staat sind ebenfalls nicht Mitglieder, führen aber keine Personenkontrollen durch. Großbritannien war nie Mitglied des Schengen-Raums; nach dem Brexit erloschen die restlichen Beziehungen in dieser Richtung. Das Vereinigte Königreich bemüht sich allerdings um die Aufnahme Gibraltars in den Schengen-Raum.

2.8 Frontex – Kontrolle der europäischen Außengrenzen

Frontex (französisch: „FRONTières EXtérieures", deutsch: „Außengrenzen") ist die „Europäische Agentur für die Grenz- und Küstenwache" (englisch: „European Border and Coast Guard Agency", EBCG), die für den Schutz der Außengrenzen des Schengen-Raums zuständig ist. Sie wurde 2004 als Europäische Agentur für die operative Zusammenarbeit an den Außengrenzen gegründet und war zunächst in erster Linie für die Koordinierung der Grenzkontrollen zuständig.[12] Die Agentur Frontex, die ihre Arbeit im Mai 2005 aufnahm, ist das Ergebnis langer Bemühungen, eine Harmonisierung von Grenz-, Asyl- und Migrationspolitik innerhalb der Europäischen Gemeinschaften und der Europäischen Union zu erreichen. Ursprünglich sollte die Agentur die Mitgliedstaaten bei ihren hoheitlichen Aufgaben der Grenzüberwachung und Grenzkontrolle vor allem mit Expertise unterstützen. Im Jahr 2015, im Kontext einer steigenden Zahl von Migranten an den europäischen Außengrenzen, beschlossen die europäischen Institutionen, die Rolle von Frontex zu überprüfen und auszuweiten.

Sie vertraten die Auffassung, dass die Agentur nur über ein begrenztes Mandat zur Unterstützung der Mitgliedstaaten bei der Sicherung ihrer Außengrenzen verfügte und unzureichend mit Personal und Ausrüstung ausgestattet sei. Frontex war für ihre Ressourcen auf freiwillige Beiträge der Mitgliedstaaten angewiesen und nicht befugt, Grenzschutzeinsätze sowie Such- und Rettungsmaßnahmen durchzuführen. Laut der europäischen Kommission behinderte der bisherige Aktionsrahmen und rechtliche Status von Frontex ihre Fähigkeit, effektiv zu reagieren und eine dauerhafte Lösung für die durch die „Flüchtlingskrise" geschaffene Situation zu finden. Daher hat die Agentur 2016 vermehrt Aufsichtsfunktionen über die Mitgliedstaaten übernommen. Durch eine Kompetenz- und Budgeterweiterung im Jahr 2019 wurde die Agentur zudem beauftragt, bis zum Jahr 2027 eine ständige Reserve von 10.000 Grenzschutzbeamten aufzubauen. Diese sollen an den Außengrenzen der Europäi-

---

[12] „Aufschlussreicher war der lange und offizielle Titel der Agentur: *Europäische Agentur für die operative Zusammenarbeit an den Außengrenzen der Mitgliedstaaten der Europäischen Union.* Die Agentur war also nicht damit beauftragt, selbst Grenzschutz zu betreiben – den Vorschlag zur Schaffung einer *Europäischen Grenzschutzpolizei* hatten die EU-Mitgliedstaaten 2002 vehement zurückgewiesen. Vielmehr ging es um die Koordination und Unterstützung von Grenzschutz-Aktivitäten. Aber nicht an der *europäischen Außengrenze*: Der Titel der Agentur hält fest, dass es sich um die Außengrenzen der Mitgliedstaaten handelt und verneint damit eine Verantwortung der EU für diese Grenzen. Tatsächlich ist der Begriff EU-Außengrenze völkerrechtlich reine Fiktion." (Kasparek, Bernd (für bpb.de) 2021: Die Europäische Grenzschutzagentur Frontex, Bundeszentrale für politische Bildung, https://www.bpb.de/themen/migration-integration/kurzdossiers/342061/die-europaeische-grenzschutzagentur-frontex/).

schen Union zum Einsatz kommen. Damit verfügt die Europäische Union zum ersten Mal über eine Institution, in der verschiedene Kompetenzen bezüglich der Sicherung, Überwachung und Kontrolle der Außengrenzen der Europäischen Union gebündelt sind.[13] Die Hauptaufgabe von Frontex ist die Kontrolle der illegalen Migration von Asylsuchenden in der Europäischen Union. Zwar werden dabei durchaus Schiffbrüchige gerettet, die auf baufälligen und nicht seetüchtigen Booten über das Mittelmeer Europa erreichen wollen. Nach wie vor sterben jedoch zehntausende Schutzsuchende beim Versuch, über das Meer nach Europa zu gelangen.

Andererseits ist die Arbeit der Frontex nicht unumstritten. Zahlreiche Menschenrechtsorganisationen kritisieren Frontex in Zusammenhang mit militärischen Flüchtlings-Abwehrmaßnahmen in der Mittelmeer-Region. Flüchtlinge dürfen eigentlich nicht zurückgeschickt werden, wenn ihnen in ihrem Heimatland Verfolgung oder Misshandlung droht. Frontex scheint sich daran nicht immer gehalten zu haben. Es gibt Hinweise, nach denen Frontex-Einheiten in der Ägäis an völkerrechtswidrigen „*Pushbacks*" beteiligt gewesen seien, das heißt am Zurückdrängen von Flüchtlingen, die bereits europäischen Boden erreicht hatten, aufs offene Meer. Absichtliche Vertuschungen von illegalen Zurückweisungen von Migranten seien überdies vorgekommen. Mitten auf dem Meer, jenseits der 12-Seemeilenzone, also außerhalb der Hoheitszonen der Küstenstaaten aufgegriffene Flüchtlinge wurden ohne Rücksicht auf die Seetüchtigkeit ihrer Boote zurückgeschickt. Eine solche Praxis ist jedoch nach der Meinung einschlägiger Rechtsgutachten rechtswidrig: So kommt das „European Center for Constitutional and Human Rights" (ECCHR) zu dem Schluss, dass die EU-Grenzschützer auch außerhalb der Territorien der EU-Staaten – also etwa auch auf Hoher See jenseits der 12-Meilenzone – an Flüchtlings- und Menschenrechte gebunden sind. Mitten auf dem Meer aufgegriffene Flüchtlinge haben demzufolge das Recht, einen Asylantrag zu stellen. Sie dürfen auch nicht zurückgeschoben werden, wenn ihnen möglicherweise Verfolgung oder Misshandlung droht.

2.9 Grenzübertretungen, Grenzüberwindungen

Nicht überall ist das Überschreiten einer Grenze so leicht wie innerhalb des Schengen-Raumes. Grenzübertretungen werden häufig in irgendeiner Weise sanktioniert. Das betrifft Personen, die beispielsweise ohne gültige Reisedokumente eine Grenze überqueren wollen. Die Konsequenzen können vielfältig sein, je nach den Maßgaben des betreffenden Landes und je nach der Absicht, die die betreffenden Personen mit ihrer Übertretung haben. Es kann sich um einen Irrtum oder ein Ver-

---

[13] Kasparek, Bernd (für bpb.de) 2021: Die Europäische Grenzschutzagentur Frontex, Bundeszentrale für politische Bildung, https://www.bpb.de/themen/migration-integration/kurzdossiers/342061/die-europaeische-grenzschutzagentur-frontex/. Frontex: https://frontex.europa.eu/de/. Frontex: https://european-union.europa.eu/institutions-law-budget/institutions-and-bodies/search-all-eu-institutions-and-bodies/frontex_de. Frontex: https://de.wikipedia.org/wiki/Frontex.

2.9 Grenzübertretungen, Grenzüberwindungen

sehen handeln, etwa in dem Sinne, dass man das Reisedokument vergessen hat. Wenn allerdings eine politische oder gar kriminelle Absicht dahintersteht, hat das härtere Reaktionen zur Folge. Vom bloßen Zurückweisen über Festnahmen zu noch gravierenderen Maßnahmen ist allerhand auf der Welt möglich.

Doch gibt es Grenzüberschreitungen nicht nur bei real bestehenden und tatsächlichen politischen Grenzen. Man überschreitet Grenzen auch, wenn man Äußerungen macht, die jenseits des Erlaubten oder Erträglichen sind. Solche Grenzen geben das Rechtssystem, das Wertesystem, also auch die Religion und das Persönlichkeitsrecht oder die Menschenrechte vor. Es sind Übertretungen, die dem allgemeinen Konsens zuwiderlaufen. Wenn man etwas sagt, das dem Rechtssystem widerspricht, folgen die Reaktionen, die im einzelnen Fall für eine solche Übertretung vorgesehen sind. Wenn man in anderer Weise eine Grenze übertritt, etwa einem Menschen zu nahe tritt, indem man unerlaubt in seine Privatsphäre eindringt, wird die Konsequenz eine Zurückweisung sein, man wird zurückgestoßen oder etwa mit dem Abbruch der Beziehungen bestraft. Auch zwischen den Ansichten verschiedener Menschen gibt es Grenzen, von denen man nicht möchte, dass sie von anderen übertreten werden.[14]

Doch sind Grenzen jeglicher Art nicht für immer festgefügt. Man kann versuchen, diese zu überwinden, indem man nicht das jeweils Trennende hervorhebt, sondern das Gemeinsame sucht. Dieses gibt es zweifelsohne, verschiedene Ansichten bleiben auch danach sicherlich noch genug übrig. Dies ermöglicht es, sich sowohl auf der Basis des einzelnen Menschen besser zu verstehen, als auch auf der Ebene des Staates Gemeinsames anstatt Trennendes zu betonen. Besonders betrifft dies Grenzregionen, die, obwohl sie durch politische Grenzen getrennt sind, doch eine Fülle von Gemeinsamkeiten haben: in der Natur, in der Geschichte und in der Kultur. Diese können zum Nutzen aller beitragen und dann auch nicht nur zum Nutzen der Grenzbereiche, sondern des gesamten Staates.

Dass Grenzüberwindungen möglich sind und positiv wirken, zeigt die EU und insbesondere der Schengen-Raum mit dem weitgehenden Verzicht auf Personenkontrollen an den Binnengrenzen. Politische Grenzen sind einerseits trennende Linien, andererseits aber haben Grenzen auch etwas Verbindendes, sie markieren einen kulturellen Übergangsraum und einen Transferraum. Struck nennt dies „trennende *coupure* und verknüpfende *couture*". Grenzen und Grenzregionen sind ihm zufolge eben auch zentrale Transfer- und Kommunikationsräume.[15] Der Bedeutungsverlust der Binnengrenzen in der EU kann und sollte dazu führen, Grenzen nicht nur aus der Sicht des jeweiligen staatlichen Zentrums, sondern von den Rän-

---

[14] Andererseits können Grenzüberschreitungen auch positiv konnotiert sein, etwa, wenn man „über seinen eigenen Schatten springt" und damit die für sich selber gesetzte Grenze überschreitet. Oder in einem anderen Zusammenhang, wenn man eine bisher nicht überwindbare Naturgrenze, etwa einen Ozean, im Zuge von Entdeckungsfahrten erschließt, oder alle Achttausender der Erde bezwingt, oder bahnbrechende, bisher nicht für möglich gehaltene Forschungen vorantreibt, beispielsweise in der Medizin (Herztransplantationen) oder in der Technik (Mondlandungen).

[15] Struck, Bernhard: Grenzregionen, in: Europäische Geschichte Online (EGO), hg. vom Leibniz-Institut für Europäische Geschichte (IEG), Mainz 2012-12-04. URL: https://www.ieg-ego.eu/struckb-2012-de URN: urn:nbn:de:0159-2012120307 [JJJJ-MM-TT].

dern, der Peripherie her zu sehen. Dort können sich transnationale Verbindungen bilden, die einerseits schon immer vorhanden gewesen sein mögen, andererseits jetzt durch eine grenzüberschreitende Kooperation gestärkt werden können.

Grenzen dort unwichtiger und durchlässiger zu machen, wo zusammengehörende Räume zerschnitten werden, ist in jedem Fall sinnvoll. Viele Naturgegebenheiten, wie Klima und Wetter enden ebenso wenig an politischen Grenzen wie Kulturräume, wenn sie grenzüberschreitend eine gemeinsame Geschichte und Tradition verbindet. Besonders in praktischem Sinne ist eine Grenzüberwindung sinnvoll, wenn dieselben Probleme zu beiden Seiten einer Grenze vorhanden sind. Wenn es möglich ist, solche Gemeinsamkeiten zu erkennen, die nicht an Staatsgrenzen enden, können sich daraus gemeinsame Interessen ergeben. Es wäre beispielsweise vorteilhaft, die trennende Funktion von Grenzen zu mildern, wenn Natur- oder Wirtschaftsräume, die zu beiden Seiten der Trennungslinie ähnlich sind, effizienter arbeiten könnten, wenn sie zusammenarbeiten. Eine solche Zusammenarbeit würde bei gleichen Problemen, gleichen Strukturen und gemeinsamen Interessen auch finanziell von Vorteil sein. Denn dadurch können gemeinsame Aktionen angekurbelt werden, die ein Einzelteil nicht alleine schultern könnte.

Das Prinzip der Nachhaltigkeit ist grundsätzlich nicht an Grenzen gebunden und sollte besonders bei Nachbarregionen zu einer Zusammenarbeit führen. Auch touristische Regionen enden oftmals nicht an politischen Grenzen, ebenso wenig wie die Verkehrsproblematik kleinräumig zu lösen wäre. Es sollte ein anzustrebendes Ziel sein, Naturgefahren gemeinsam zu begegnen, Kulturräume besser zu verzahnen, touristische und wirtschaftliche Überbeanspruchung der Landschaft zu vermeiden oder die Kooperation von Hochschulen zu fördern. Die Zusammenarbeit kann Synergieeffekte und neue Ideen hervorbringen.

Grenzüberschreitende Zusammenarbeit kann allerdings nicht Grenzrevision bedeuten, da dies weitreichende politische Komplikationen zur Folge hätte und nicht zu realisieren wäre. Vielmehr muss eine solche grenzüberschreitende Kooperation im Rahmen bestehender Staatlichkeiten erfolgen, die nicht in Frage gestellt werden dürfen. Voraussetzungen einer solchen Zusammenarbeit ist vielmehr der Willen und die Bereitschaft der beteiligten Staaten. Die tatsächliche praktische Kooperation findet dann auf lokaler und regionaler Ebene statt (Abb. 2.11).

> „Die grenzüberschreitende Zusammenarbeit ist eine Partnerschaft zwischen lokalen oder regionalen Akteuren, die durch eine Staatsgrenze getrennt sind, und deren Aktionen auf beiden Seiten der Grenze Auswirkungen auf regionalen und lokalen Ebenen haben. Sie liegt im Rahmen internationaler Beziehungen, schließt aber mit dem ausdrücklichen oder stillschweigenden Einverständnis der jeweiligen Staaten lokale und regionale Akteure ein, die sich geographisch nahe sind. Die grenzüberschreitende Zusammenarbeit kann folglich als ein Weg zur Wiederherstellung der Nähe angesehen werden, wo die Grenze gewöhnlich als Trennung erscheint und Distanz schafft."[16]

Grenzüberwindung und grenzüberschreitende Zusammenarbeit haben somit nicht das Ziel, die administrativen oder kulturellen Grenzen auf einer niedrigeren Ebene

---

[16] Wassenberg, Birte, Reitel, Bernard (2015, S. 8).

Abb. 2.11 Die Landeshauptmänner des Trentino (Maurizio Fugatti), Südtirols (Arno Kompatscher) und Tirols (Anton Mattle) bei der offiziellen Übergabe der Euregio-Präsidentschaft an Südtirol. Südtirol hat von Oktober 2023 bis Ende September 2025 den Vorsitz der „Europaregion Tirol – Südtirol – Trentino" inne. Der Südtiroler Euregio-Vorsitz steht unter dem Leitmotiv „Grenzen überwinden". (Quelle:20230630_PK_Übergabe_Euregio_Präsidentschaft_und_Glanzleistungen_Foto_FB_7: Credits: Land Tirol; mit freundlicher Genehmigung des Gemeinsamen Büros des „EVTZ Europaregion Tirol – Südtirol – Trentino")

als der staatlichen abzuschaffen. Sie üben eine Lern- und Verknüpfungsfunktion aus: Häufig sind interkulturelle Maßnahmen erforderlich. Sie bestehen darin, mehr über die Systeme des Anderen zu erfahren, die Sprache des Nachbarn und seine politische und administrative Organisation zu verstehen. Die Priorität der grenzüberschreitenden Zusammenarbeit bedeutet die Schwächung oder Abschaffung der durch die Grenzen geschaffenen negativen Effekte.

Manche Landschaften haben zudem noch Reminiszenzen an vergangene Zeiten, bzw. sie zeigen noch heute bestimmte Kennzeichen der früheren Zugehörigkeit zu einem Kulturraum, der vielleicht längst nicht mehr besteht. Ein Beispiel ist die architektonische Struktur und das Aussehen der Städte und der Kulturlandschaft in den Gebieten, die seinerzeit zu Österreich-Ungarn gehört haben und wo sich seinerzeitige Gemeinsamkeiten bis heute erhalten haben. Das gilt neben der Architektur im Übrigen auch für Kulinarik und Küche, um nur ein Beispiel zu nennen. Eine gemeinsame Geschichte kann also über willkürlich gezogene Grenzen hinausreichen, die aus politischen Gründen seinerzeit festgelegt wurden. Dennoch ist aber möglicherweise die seinerzeitige Zusammengehörigkeit im Bewusstsein der Bevölkerung beider Seiten noch durchaus vorhanden. Daran anzuknüpfen, ist ein sinnvolles Unterfangen Ein anderer Aspekt, der im Rahmen einer grenzüberschreitenden Zusammenarbeit wichtig ist, ist die Tatsache, dass dadurch Konflikte minimiert oder befriedet werden können. Nicht zu unterschätzen ist der psychologische Effekt, das gegenseitige Verständnis der beiden Grenzbevölkerungen durch Zusammenarbeit zu verstärken: Die Kooperation erhöht die Zahl der Begegnungen und Kontakte, und durch gemeinsame Arbeitsgruppen und Institutionen wird das Bewusstsein der gesamten Bevölkerung für gemeinsame Probleme geschärft. Das Ergebnis sollte sein, und dies ist auch normalerweise der Fall, dass man die Bevölkerung auf der anderen Seite der Grenze nicht nur als die „Anderen" ansieht, sondern als Partner und Freunde in einem gemeinsamen Bemühen. Das Zusammengehörigkeitsgefühl speziell innerhalb der Europäischen Union mit ihren gemeinsamen Werten wird durch eine „bottom up"-Strategie wesentlich bereichert:

> „Die Grenze steht im Mittelpunkt des Kooperationszwecks: Es geht darum, die Grenze materiell, funktionell und symbolisch zu relativieren, zu überwinden und ihre Bedeutung zu mindern. Drei Dimensionen einer Grenze sind besonders wichtig, um die grenzüberschreitende Zusammenarbeit zu verstehen: Die politische Dimension natürlich, dann die kulturelle Dimension und der materielle, sichtbare Charakter einer natürlichen Grenze."[17]

---

[17] Wassenberg, Birte, Reitel, Bernard (2015, S. 8).

Territoriale Zusammenarbeit und Kohäsionspolitik der EU

3

Die grenzüberschreitende Zusammenarbeit ist im Rahmen der Integrationspolitik der Europäischen Union (EU) zu sehen. Die Europäische Union (EU) ist heute ein Staatenverbund aus 27 Staaten, davon 26 in Europa und mit Zypern einem geographisch in Asien. Sie hat insgesamt etwa 450 Mio. Einwohner. Das Hauptziel der EU ist die europäische Integration zum Zwecke der Friedenssicherung in Europa. Die EU hat verschiedene Vorläufer: so wurde 1951 von zunächst sechs Staaten (Benelux-Staaten, Frankreich, Bundesrepublik Deutschland, Italien) die Europäische Gemeinschaft für Kohle und Stahl (EGKS) gründeten. 1957 bildeten die Römischen Verträge den nächsten Integrationsschritt. Mit diesen Verträgen gründeten dieselben sechs Staaten die Europäische Wirtschaftsgemeinschaft (EWG) sowie die Europäische Atomgemeinschaft (EAG, später Euratom genannt). Ziel der EWG war die Schaffung eines gemeinsamen Marktes, in dem sich Waren, Dienstleistungen, Kapital und Arbeitskräfte frei bewegen konnten. Durch die Euratom sollte eine gemeinsame Entwicklung zur friedlichen Nutzung der Atomenergie initiiert werden. Im Lauf der folgenden Jahrzehnte traten weitere Staaten der 1992 dann in Europäische Gemeinschaft (EG) umbenannten Organisation bei. Als wichtiger Meilenstein der europäischen Integration gilt das Schengener Übereinkommen (1985), mit dem Ziel des schrittweisen Abbaus der Kontrollen an den Binnengrenzen zwischen den Mitgliedstaaten. Nach dem Fall des Eisernen Vorhangs 1989 traten weitere osteuropäische Länder der Gemeinschaft bei.

1992 wurde der Vertrag von Maastricht zur Gründung der Europäischen Union (EU) unterzeichnet. Darin wurde die Gründung einer Wirtschafts- und Währungsunion beschlossen, die später zur Einführung des Euro führte, sowie eine engere Koordinierung der Mitgliedstaaten in der Außen- und Sicherheitspolitik und im Bereich Inneres und Justiz. Die Kompetenzbereiche wurden schließlich durch den Vertrag von Lissabon, der 2007 unterzeichnet wurde und 2009 in Kraft trat, geregelt und erweitert. Von den 27 EU-Staaten bilden 20 Staaten eine Wirtschafts- und Währungsunion. 2002 wurde eine gemeinsame Währung für diese Staaten, der

Abb. 3.1 Die Mitgliedsländer der Europäischen Union (EU). (Quelle: Europäische Union; EU-Länder: https://european-union.europa.eu/principles-countries-history/eu-countries_de. Webtools + ©EC-GISCO + © EuroGeographics ©UN-FAO bezüglich der Verwaltungsgrenzen)

Euro, eingeführt. Die EU-Mitgliedstaaten arbeiten in der Innen- und Justizpolitik zusammen. Durch die gemeinsame Außen- und Sicherheitspolitik findet ein gemeinsames Auftreten gegenüber Drittstaaten statt (Abb. 3.1).

Während die Mitgliedsstaaten der EU für die großen Richtlinien der Politik und die zwischenstaatliche Kooperation verantwortlich sind, findet die grenzüberschreitende Zusammenarbeit auf einem niedrigeren Niveau unterhalb der staatlichen Ebene statt. Sie dient ebenfalls der Integration der EU-Mitgliedsländer in dem Bestreben, natürliche, politische, kulturelle, aber auch psychologische Grenzen zu überwinden und ihre Bedeutung zu mindern. Jedoch ist der Ansatz hierbei praktischer Art: Es geht um die konkrete Lösung von Grenzproblemen. Das heißt, dass die Akteure hier nicht die Staaten sind, obwohl deren Zustimmung natürlich erforderlich ist. Die grenzüberschreitende Kooperation muss naturgemäß den staatlichen Gegebenheiten folgen und von den nationalen Regierungen genehmigt werden. Die konkrete Zusammenarbeit findet aber auf regionaler und lokaler Ebene zwischen Nachbarregionen statt, die durch eine nationale Grenze getrennt sind. Die Verantwortlichen sind demzufolge Regionen, Städte und Gemeindeverbände, aber auch private Institutionen, Interessenverbände, Handelskammern, Unternehmer,

Gewerkschaften, Wissenschaftsverbände etc. Die Absicht ist dabei, die negativen Effekte von Grenzen zu vermindern, den Dialog zwischen den Akteuren zu erleichtern und die Grenzen durchlässig zu machen, ohne sie deswegen aufzuheben. Hierbei müssen die Gegebenheiten jeder einzelnen Grenzregion genau berücksichtigt werden.

Ein grundsätzliches Ziel sowohl der staatlichen als auch der staatsübergreifenden Raumordnung und Regionalpolitik ist es, möglichst gleiche Lebensbedingungen in allen Teilen des jeweiligen Bezugsraumes zu schaffen. Dies lässt sich zwar theoretisch leicht postulieren, ist jedoch in der Praxis schwer umzusetzen. Denn es gibt Räume, die ganz offensichtlich benachteiligt sind. Zu diesen gehören u. a. Hochgebirgsregionen. Im Rahmen der Europäischen Union sind dies in erster Linie die Alpen, an denen fünf EU-Staaten (Frankreich, Italien, Deutschland, Österreich, Slowenien) sowie zwei weitere Staaten (Schweiz, Liechtenstein) Anteil haben. Relief, Klima, Begrenzung des besiedelbaren Raumes und regionale sowie sektorale Beschränkung der wirtschaftlichen Nutzung sind limitierende Faktoren, die es erschweren, Hochgebirge in der gleichen Weise zu entwickeln wie andere Räume. Dies ist zusätzlich problematisch, da Hochgebirgsregionen in Bezug auf die betreffenden Staaten randlich liegen und daher oft weniger Aufmerksamkeit der staatlichen Raumplanung gewinnen. Andererseits befinden sie sich oft in direkter Nachbarschaft mit Gebieten eines oder mehrerer anderer angrenzender Staaten, die ihrerseits mit denselben Schwierigkeiten zu kämpfen haben. Die Europäische Union versucht daher, solche Nachteile auszugleichen, indem sie grenzüberschreitende Förderprogramme entwickelt hat, die dazu beitragen sollen, die Probleme gemeinsam zu lösen, die nicht an staatlichen- oder Landesgrenzen enden, sondern grenzübergreifend alle Anrainer betreffen.[1] Denn statt dass jede Seite der Grenze für sich allein die Themen bearbeitet, die auf der anderen Seite dieselben sind, können diese durch Zusammenarbeit besser gelöst werden.[2]

Dies strebt die Europäische Union mit einem ihrer zentralen Politikbereiche an, ihrer Kohäsions- und Strukturpolitik. Die EU möchte ihren wirtschaftlichen, sozialen und territorialen Zusammenhalt stärken, um damit die harmonische Entwicklung der gesamten EU zu fördern. Im Rahmen der „Europäischen territorialen Zusammenarbeit" (ETZ) bemüht sie sich daher darum, die Unterschiede im Entwicklungsstand zwischen ihren verschiedenen Regionen zu verringern und grenzüberschreitend das Potenzial von Grenzregionen gemeinsam zu erschließen.[3] Die hieraus entstehenden Kooperationsmaßnahmen werden vom „Europäischen Fonds für regionale Entwicklung" (EFRE) mittels verschiedener Schlüsselkomponenten unterstützt: der grenzüberschreitenden Zusammenarbeit, der transnationalen Zu-

---

[1] Obwohl sie nicht zur EU gehören, sind die Schweiz und Liechtenstein an verschiedenen auf die Alpen bezogenen Programmen und Institutionen beteiligt.
[2] Natürlich betrifft dies nur einen Teil der EU-Förderpolitik.
[3] Europäische territoriale Zusammenarbeit (ETZ): https://www.europarl.europa.eu/factsheets/de/sheet/98/europaische-territoriale-zusammenarbeit. Europäische territoriale Zusammenarbeit: https://www.europarl.europa.eu/factsheets/de/sheet/93/wirtschaftlicher-sozialer-und-territorialer-zusammenhalt.

sammenarbeit und der intraregionalen Zusammenarbeit. Das EU-Programm „Interreg" ist als Gemeinschaftsinitiative des „Europäischen Fonds für regionale Entwicklung" (EFRE) Teil der Struktur- und Investitionspolitik der Europäischen Union und fördert grenzübergreifende Maßnahmen der Zusammenarbeit wie Infrastrukturvorhaben, die Zusammenarbeit öffentlicher Versorgungsunternehmen, gemeinsame Aktionen von Unternehmen oder Kooperationen im Bereich des Umweltschutzes, der Bildung, der Raumplanung oder Kultur. Damit sollen Entwicklungshemmnisse sowie Nachteile geographischer und auch linguistischer Barrieren reduziert werden. Im Zeitraum von 2021-2027 wurde die interregionale Zusammenarbeit (Interreg) durch eine verstärkte Kooperation mit Partnerländern sowie durch die Schaffung eines Aktionsbereichs für die Zusammenarbeit zwischen den EU-Gebieten in äußerster Randlage und ihren Nachbarländern erweitert. Die ETZ besteht somit aus den folgenden Komponenten (Aktionsbereichen):

- Bei der grenzüberschreitenden Zusammenarbeit *(Interreg-Aktionsbereich A)* wird die Zusammenarbeit zwischen NUTS-3-Regionen[4] aus mindestens zwei verschiedenen Mitgliedstaaten unterstützt, die direkt an den Grenzen liegen oder an diese angrenzen. Sie zielt darauf ab, gemeinsame Herausforderungen zu bewältigen, die gemeinsam in den Grenzregionen ermittelt wurden, und das ungenutzte Wachstumspotenzial in den Grenzgebieten auszuschöpfen sowie gleichzeitig den Kooperationsprozess im Hinblick auf eine harmonische Entwicklung der Europäischen Union insgesamt zu verbessern.
- Die transnationale Zusammenarbeit *(Interreg-Aktionsbereich B)* ermöglicht die Zusammenarbeit in größeren transnationalen Gebieten oder in der Nähe von Meeresbecken und bezieht nationale, regionale und lokale Programmpartner in den Mitgliedstaaten ein, bei einigen Programmen aber auch in Nicht-EU-Ländern (wie Island und Liechtenstein), sowie in den überseeischen Ländern und Gebieten (ÜLG), damit ein höheres Maß an territorialer Integration erreicht wird. Die transnationale Zusammenarbeit der Gebiete in äußerster Randlage fällt in einen eigenen Aktionsbereich. Mit dem Interreg-Aktionsbereich B unterstützt man ein breites Spektrum von Projektinvestitionen im Zusammenhang mit Innovationen und dem ökologischen und digitalen Wandel.
- Die interregionale Zusammenarbeit *(Interreg-Aktionsbereich C)* erfolgt auf gesamteuropäischer Ebene und erstreckt sich auf alle EU-Mitgliedstaaten und Partnerstaaten. Dabei werden Netzwerke geknüpft, um bewährte Verfahren zu entwickeln und den Austausch und die Weitergabe von Erfahrungen erfolg-

---

[4] Die Klassifikation der Gebietseinheiten für die Statistik („Nomenclature des Unités territoriales statistiques", NUTS) ist eine geographische Systematik, nach der das Gebiet der Europäischen Union in drei Hierarchiestufen eingeteilt wird: NUTS 0 (Nationalstaaten), NUTS 1 (größere Regionen, Landesteile), NUTS 2 (mittelgroße Regionen, Millionenstädte), NUTS 3 (kleinere Regionen, teils schon Großstädte). Diese Einordnung ermöglicht den grenzüberschreitenden statistischen Vergleich von EU-Regionen.

reicher Regionen zu ermöglichen. Sie ist ein Instrument zur Stärkung des Zusammenhalts und zur Bewältigung aktueller und künftiger Herausforderungen.
- Die Zusammenarbeit in den Gebieten in äußerster Randlage *(Interreg-Aktionsbereich D)* soll diesen Gebieten ermöglichen, mit ihren Nachbarländern und -gebieten auf möglichst effiziente und einfache Weise zusammenzuarbeiten. Zu diesem Zweck bietet die Interreg-Verordnung die Möglichkeit, sowohl externe Mittel als auch den EFRE nach denselben Regeln zu verwalten. Folglich können im Rahmen des Aktionsbereichs D Aufforderungen zur Einreichung von Vorschlägen für eine kombinierte Finanzierung aus dem EFRE und dem „Instrument für Nachbarschaft, Entwicklungszusammenarbeit und internationale Zusammenarbeit – Europa in der Welt" veröffentlicht werden, das das wichtigste Instrument der EU für internationale Partnerschaften in den Bereichen nachhaltige Entwicklung, Klimawandel, Demokratie, Staatsführung, Menschenrechte, Frieden und Sicherheit in den Nachbarländern der EU ist.

Die Investitionspolitik der Europäischen Union, die sich auf die genannten Bereiche konzentriert, soll das Wirtschaftswachstum, die Schaffung von Arbeitsplätzen, die Wettbewerbsfähigkeit der Unternehmen, die nachhaltige Entwicklung und den Schutz der Umwelt unterstützen, um den wirtschaftlichen, sozialen und territorialen Zusammenhalt innerhalb der Gemeinschaft zu stärken. Von Beginn an gibt es in der Europäischen Gemeinschaft (heute Europäische Union) große regionale Disparitäten, die bis heute Hindernisse für die Integration und die Entwicklung in Europa darstellen. Die EU widmet daher einen bedeutenden Teil ihrer Mittel der Verringerung der Unterschiede zwischen den Regionen, insbesondere in Bezug auf die ländlichen Gebiete, die vom industriellen Wandel betroffenen Gebiete und die Gebiete mit schwerwiegenden natürlichen oder demographischen Nachteilen (z. B. Regionen mit sehr geringer Bevölkerungsdichte, Insel-, Grenz- und Bergregionen).

Verschiedene europäische Struktur- und Investitionsfonds stehen hierfür zur Verfügung: Der *„Europäische Fonds für regionale Entwicklung" (EFRE)*[5] ist eines der wichtigsten Finanzierungsinstrumente der europäischen Kohäsionspolitik. Er trägt zum Ausgleich der wichtigsten regionalen Ungleichgewichte in der EU bei. Mit ihm werden Regionen mit Entwicklungsrückstand sowie die Umstellung der Industriegebiete mit rückläufiger Entwicklung unterstützt. Der *„Europäische Sozialfonds"* (seit 2021 als *„Europäischer Sozialfonds Plus" (ESF+)* bezeichnet)[6] stellt das wesentliche Instrument der Union zur Unterstützung von Maßnahmen dar, die auf die Vorbeugung und Bekämpfung der Arbeitslosigkeit, die Entwicklung der Humanressourcen und die Förderung der sozialen Integration auf dem Arbeitsmarkt ausgerichtet sind. Aus dem *„Kohäsionsfonds"*[7] wird ein finanzieller Beitrag zu Vorha-

---

[5] Europäischer Fonds für regionale Entwicklung (EFRE): https://www.europarl.europa.eu/factsheets/de/sheet/95/europaischer-fonds-fur-regionale-entwicklung-efre-.
[6] Europäischer Sozialfonds: https://european-social-fund-plus.ec.europa.eu/de.
[7] Europäischer Kohäsionsfonds: https://www.europarl.europa.eu/factsheets/de/sheet/96/kohasionsfonds.

ben im Bereich Umwelt und zu transeuropäischen Netzen im Bereich Verkehrsinfrastruktur geleistet. Dieser Fonds steht allerdings nicht allen Mitgliedsstaaten zur Verfügung, sondern nur denen, deren Pro-Kopf-Bruttonationaleinkommen (BNE) weniger als 90 % des EU-Durchschnitts beträgt. Der *„Fonds für einen gerechten Übergang" / „Just Transition Fonds" (JTF)*[8] ist ein Instrument der Kohäsionspolitik, mit dem Gebiete unterstützt werden sollen, die aufgrund des Übergangs der EU zu einer klimaneutralen Wirtschaft schwerwiegende sozioökonomische Herausforderungen bewältigen müssen. Dieser Fonds hilft bei der Umsetzung des europäischen „Grünen Deals", mit dem die EU bis 2050 klimaneutral werden soll.[9] Für den Zeitraum 2021-2027 wurden im Rahmen der Kohäsionspolitik fünf politische Ziele für den EFRE, den ESF+, den Kohäsionsfonds und den EMFF festgelegt:

- ein intelligenteres Europa – innovativer und intelligenter wirtschaftlicher Wandel,
- ein grüneres, CO_2-armes Europa,
- ein stärker vernetztes Europa – Mobilität und regionale IKT-Konnektivität (Informations- und Kommunikationstechnologien),
- ein sozialeres Europa – Umsetzung der europäischen Säule sozialer Rechte,
- ein bürgernäheres Europa – nachhaltige und integrierte Entwicklung von städtischen, ländlichen und Küstengegenden durch lokale Initiativen.

---

[8] Fonds für einen gerechten Übergang / Just Transition Fund (JTF): https://www.europarl.europa.eu/factsheets/de/sheet/214/fonds-fur-einen-gerechten-ubergang.

[9] Hinzu kommt der „Europäische Meeres- und Fischereifonds" (EMFF), der darauf abzielt, die Durchführung der Gemeinsamen Fischereipolitik und der Meerespolitik der Union zu unterstützen. Die Unterstützung im Rahmen des EMFF soll auch zur Verwirklichung der Ziele der Union beim Umwelt- und Klimaschutz und der Anpassung an den Klimawandel beitragen. Dieser Fonds betrifft naturgemäß den Alpenraum nicht. Europäischer Meeres- und Fischereifonds (EMFF): https://www.consilium.europa.eu/de/policies/maritime-fisheries-fund/.

Die makroregionale Strategie der EU (Makroregionen)

4

Ein Instrument der EU-Kohäsionspolitik ist die Schaffung von sogenannten „Makroregionen", von denen bisher vier bestehen: Der Ostseeraum (2009 gegründet), der Donauraum (2010 gegründet), der adriatisch-ionische Raum (2014 gegründet) und der Alpenraum (2015 gegründet). Die vier „Makroregionalen Strategien" betreffen 19 EU-Mitgliedstaaten und 8 Nichtmitgliedstaaten (Abb. 4.1). Diese Makroregionen werden von der EU als wesentliche Elemente der Kohäsionspolitik gesehen. Sie will mit ihrer makroregionalen Strategie einen politischen Rahmen schaffen, der es Ländern dieser Makroregionen ermöglichen soll, gemeinsam Probleme anzugehen und Lösungen dafür zu finden bzw. das gemeinsame Potenzial besser zu nutzen (z. B. Umweltverschmutzung, Schiffbarkeit, weltweiter Wettbewerb usw.). Damit soll erreicht werden, dass die beteiligten Länder verstärkt zusammenarbeiten, um Probleme zu lösen, zu denen sie allein nicht in der Lage wären. Eine makroregionale Strategie kann durch EU-Fonds, u. a. durch die Europäischen Struktur- und Investitionsfonds, unterstützt werden.[1] Die Makroregionen müssen sich nach dem „Europäischen Grünen Deal", einer der Prioritäten der EU-Politik, richten, der beabsichtigt, Europa zum ersten klimaneutralen Kontinent zu machen, ein „stärkeres Europa in der Welt" zu schaffen und die EU den Bürgern näherzubringen.[2]

Allerdings sind diese Makroregionen so groß konzipiert, dass es kaum vorstellbar ist, dass konkrete Projekte in Zusammenarbeit aller jeweils beteiligten Länder durchgeführt werden können. Die Makroregionen bilden so in der Tat lediglich eine übergreifende – eher theoretische – territoriale Plattform, innerhalb derer gemeinsame Projekte zwischen einzelnen Partnern durchgeführt werden könnten. Diese sind konkret jedoch nur auf einer wesentlich niedrigeren Ebene tatsächlich zu

---

[1] Makroregionen: https://ec.europa.eu/regional_policy/information-sources/publications/factsheets/2017/what-is-an-eu-macro-regional-strategy_de.

[2] Makroregionen: https://ec.europa.eu/regional_policy/policy/cooperation/macro-regional-strategies_en.

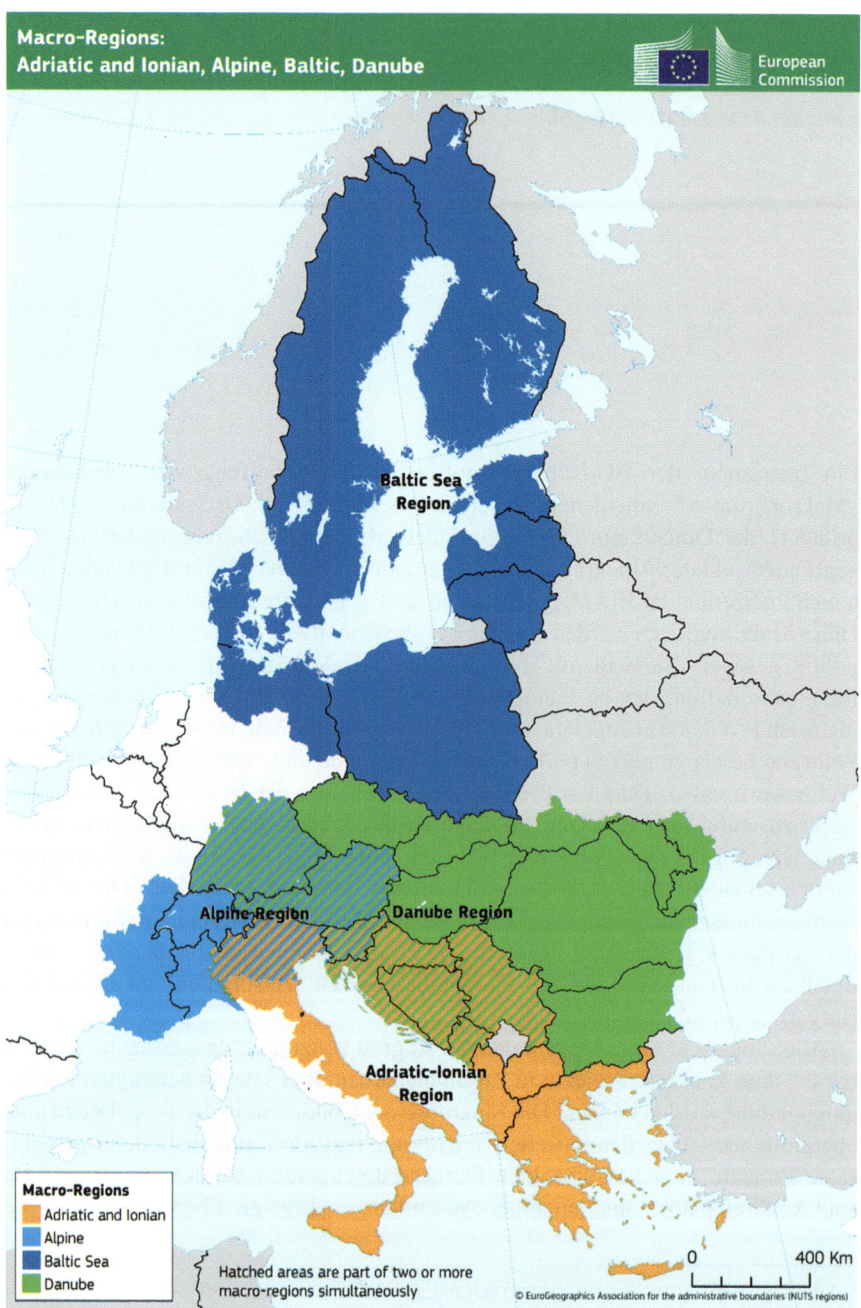

Abb. 4.1 Die Makroregionen der Europäischen Union. (Quelle: European Commission: Macro-Regional Strategies; 2021-2027: https://ec.europa.eu/regional_policy/policy/cooperation/macro-regional-strategies_en. © EuroGeographics Association for the administrative boundaries (NUTS regions))

realisieren. Partner, die zu solchen Makroregionen gehören, können auf Fördermittel der EU zurückgreifen. Die Größe der Makroregionen bringt es mit sich, dass gewisse Gemeinsamkeiten innerhalb ihres Territoriums bestehen mögen, dass sie jedoch aus Ländern und Regionen zusammengesetzt sind, die teilweise völlig unterschiedlich strukturiert und überhaupt nicht einheitlich sind. Solche Disparitäten und weitere Unterschiede wie zwischen Städten („Metropolen") und ländlichen Gebieten bis zu kaum genutzten Räumen werden nicht berücksichtigt. Natürlich ist es das Ziel der EU-Kohäsionspolitik, genau solche Differenzen mit der makroregionalen Strategie auszugleichen. Allein durch das Konstrukt dieser neuen territorialen Einheiten wird dies nicht gelingen. Erst Projekte auf kleinräumiger Basis und in einem echten praktischen „bottom-up-approach" können die „makroregionale Hülle" mit Leben erfüllen.

Manche Makroregionen überschneiden sich überdies großflächig, lediglich der Ostseeraum ist einheitlich. Teile der Alpenregion gehören so gleichzeitig zum Donauraum und zum adriatisch-ionischen Raum, Teile des Donauraums folgerichtig ebenfalls zum Alpenraum sowie dem adriatisch-ionischen Raum und Teile des letzteren dementsprechend zum Alpenraum und dem Donauraum. Dies ermöglicht es einerseits, finanzielle Mittel aus verschiedenen EU-Förderquellen zu beantragen. Es zeigt sich andererseits aber auch, wie kompliziert es ist, genaue Abgrenzungen vorzunehmen. Eine klare Aussage, zu welcher Makroregion einzelne Gebiete nun gehören und mit welcher territorialen Struktur sie sich identifizieren können, wird nicht getroffen.

Die „Europäischen Verbünde für territoriale Zusammenarbeit" (EVTZ) 5

Ein vergleichsweise junges Instrument der EU-Förderung sind die „Europäischen Verbünde für territoriale Zusammenarbeit" (EVTZ) / „European Groupings of Territorial Cooperation" (EGTC, auch GECT).[1] Sie wurden geschaffen, um die grenzüberschreitende, transnationale und interregionale Zusammenarbeit zwischen den Mitgliedstaaten oder deren regionalen und lokalen Behörden zu erleichtern.[2] Durch die EVTZ wird es den Partnern ermöglicht, gemeinsame Projekte umzusetzen, Fachwissen weiterzugeben und die Koordinierung der Raumplanung zu verbessern. „Grundlage sind die Verordnung (EG) Nr. 1082/2006 des Europäischen Parlaments und des Rates vom 5. Juli 2006 über den „Europäischen Verbund für territoriale Zusammenarbeit" (EVTZ); Verordnung (EU) Nr. 1302/2013 des Europäischen Parlaments und des Rates vom 17. Dezember 2013 zur Änderung der Verordnung (EG) Nr. 1082/2006 über den „Europäischen Verbund für territoriale Zusammenarbeit" (EVTZ) im Hinblick auf Präzisierungen, Vereinfachungen und Verbesserungen im Zusammenhang mit der Gründung und Arbeitsweise solcher Verbünde."[3]

Das Ziel eines EVTZ besteht darin, die territoriale Zusammenarbeit (grenzüberschreitend, transnational oder interregional) insbesondere zwischen seinen Mitgliedern zu erleichtern und zu fördern. Dies schließt eines oder mehrere der grenzüberschreitenden, transnationalen und interregionalen Felder der Zu-

---

[1] Französisch: Groupement européen de coopération territoriale; Italienisch: Gruppo europeo di cooperazione territoriale.
[2] Vorläufer der EVTZ waren bi- oder multilaterale Übereinkommen, wie z. B. der lokale Verbund der grenzüberschreitenden Zusammenarbeit, der 1996 durch das Übereinkommen von Karlsruhe zwischen Deutschland, Frankreich, Luxemburg und der Schweiz gegründet und 2002 durch die Brüsseler Vereinbarung auf die französisch-belgische Ebene erweitert wurde. S. hierzu im Einzelnen: Wassenberg, Birte, Reitel, Bernard (2015), S. 61, und ebd., S. 66, eine Karte der damaligen EVTZ (2015).
[3] Frédéric Gouardères, 10-2023 https://www.europarl.europa.eu/factsheets/de/sheet/94/europaische-verbunde-fur-territoriale-zusammenarbeit-evtz-.

sammenarbeit mit ein. Zu den Aufgaben gehören spezifische Maßnahmen der territorialen Kooperation zwischen den Mitgliedern eines Verbunds mit oder ohne finanzielle Unterstützung durch die Union. Ein EVTZ kann mit der Durchführung von Programmen, die von der Europäischen Union im Rahmen des „Europäischen Fonds für regionale Entwicklung", des „Europäischen Sozialfonds" und/oder des „Kohäsionsfonds" kofinanziert werden, oder von anderen Projekten der grenzüberschreitenden Zusammenarbeit betraut werden. Beispiele für solche Aktivitäten sind unter anderem der Betrieb grenzüberschreitender Beförderungseinrichtungen oder Krankenhäuser, die Durchführung oder Verwaltung grenzüberschreitender Entwicklungsprojekte und die Weitergabe von Fachwissen und bewährten Verfahren. Durch sein breites Anwendungsspektrum bietet ein EVTZ damit sowohl die Möglichkeit, bereits bestehende grenzüberschreitende Kooperationen zu vertiefen, als auch die Chance, neue Beziehungen zu schaffen und so europäische Potenziale besser zu nutzen.[4]

Als eigene Rechtspersönlichkeit entspricht der EVTZ dem Wunsch nach einer gemeinsamen europäischen Rechtsform, welche die bisherigen, teilweise zu schwerfälligen bilateralen Vereinbarungen ablöst bzw. ergänzt. Dabei wurde ein EVTZ bislang insbesondere von Gebietskörperschaften zum Zwecke einer überregionalen Kooperation gegründet. Die Anwendbarkeit eines EVTZ beschränkt sich jedoch nicht auf die Zusammenarbeit von Gebietskörperschaften. Vielmehr kann der EVTZ auch für eine vorwiegend thematisch ausgerichtete Zusammenarbeit grenzübergreifend eingesetzt werden. Ein EVTZ kann von Partnern aus dem Hoheitsgebiet von mindestens zwei Mitgliedstaaten (oder einem Mitgliedstaat und einem oder mehreren Nicht-EU-Staaten) gegründet werden, die zu einer oder mehreren der folgenden Kategorien gehören[5]:

- Mitgliedstaaten oder Gebietskörperschaften auf nationaler Ebene,
- regionale Gebietskörperschaften,
- lokale Gebietskörperschaften,
- öffentliche Unternehmen oder Einrichtungen des öffentlichen Rechts,
- Unternehmen, die mit Dienstleistungen von allgemeinem wirtschaftlichem Interesse betraut sind,

---

[4] Blaurock, Uwe, Hennighausen, Johanna (2016): Der Europäische Verbund territorialer Zusammenarbeit (EVTZ) als Rahmen universitärer Kooperation. In: Ordnung der Wissenschaft 2 (2016), S. 73–84.

[5] Wassenberg, Birte, Reitel, Bernard (2015), S. 61, nennen die folgenden Arten von EVTZ:
- „EVTZ, der sich auf ein integriertes territoriales Vorhaben bezieht, um die Definition und Einrichtung einer an ein grenzüberschreitendes Territorium angepassten Führung zu begünstigen;
- EVTZ als Verwaltungsbehörde eines operativen grenzüberschreitenden Programms;
- EVTZ, gegründet aus der Perspektive, die grenzüberschreitenden Projekte im Interesse des Territoriums und der EVTZ-Mitglieder zu unterstützen und umzusetzen, wie z. B. das grenzübergreifende Krankenhaus Cerdagne an der Grenze zwischen Spanien und Frankreich;
- EVTZ, der sich auf Netzwerke bezieht, wie das Europäische städtepolitische Wissensnetzwerk, Plattform zum Austausch von Ideen und Erfahrungen auf dem Gebiet der Stadtentwicklung, die mehrere europäische Staaten vereint.

- nationale, regionale oder lokale Gebietskörperschaften oder Stellen oder Unternehmen aus Drittländern (vorbehaltlich besonderer Bedingungen),
- Verbände aus Einrichtungen, die zu einer oder mehreren dieser Kategorien gehören.

Ein EVTZ besitzt eine eigene Rechtspersönlichkeit und unterliegt einer Übereinkunft, die von ihren Mitgliedern einstimmig beschlossen wird. Ein EVTZ muss mindestens zwei Organe haben: eine Versammlung, die sich aus Vertretern der Mitglieder zusammensetzt, und einen Direktor, der den EVTZ repräsentiert und in seinem Namen handelt. Außerdem werden die Befugnisse der EVTZ durch die jeweiligen Befugnisse ihrer Mitglieder beschränkt. In ihrem Bericht über die Anwendung der Verordnung (EG) Nr. 1082/2006 (EVTZ-Verordnung) vom April 2018 bestätigte die Kommission den europäischen Mehrwert dieses Instruments: Die Zusammenarbeit zwischen EVTZ-Mitgliedern aus verschiedenen Mitgliedstaaten und Drittländern erleichtert die Entscheidungsfindung und trägt zur gemeinsamen Entwicklung von Zielen und Strategien über nationale Grenzen hinweg bei. Die Anzahl der EVTZ nimmt in der gesamten EU stetig zu. Als Folge der Änderungen der EVTZ-Verordnung im Jahr 2013 sind EVTZ nun an verschiedenen Programmen und Projekten für die europäische territoriale Zusammenarbeit (Interreg) sowie an der Umsetzung weiterer kohäsionspolitischer Programme beteiligt.[6] Derzeit (November 2024) gibt es 89 EVTZ. Allerdings sind sechs von ihnen inzwischen beendet bzw. aufgelöst, somit verbleiben 83 aktive EVTZ.[7]

---

[6] Als erster EVTZ wurde 2008 die Eurometropole Lille-Kortrijk-Tournai an der französisch-belgischen Grenze mit insgesamt 14 Mitgliedern gegründet: vor allem den Staaten Frankreich und Belgien, sowie mit Regionen, Départements, Provinzen, Metropolen, Städten, Gemeinschaften etc.
[7] Liste der EVTZ (Stand 6.11.2024) im Anhang.

Grundzüge und Strukturen der Alpen 6

Die Alpen sind das klassische Hochgebirge Europas. Der Alpenbogen hat ein Fläche von ca. 200.000 km², eine Länge von etwa 1000 km und eine Breite von ca. 150 km im westlichen und ca. 250 km im östlichen Bereich. Die Alpen reichen im Süden ans Mittelmeer, den Golf von Genua und das Ligurische Meer. Im Westen, in Frankreich, werden sie durch das Rhônetal begrenzt, im Nordwesten durch das Schweizer Mittelland, im Norden durch das deutsche und österreichische Alpenvorland, im Osten durch die Kleine Ungarische Tiefebene. Im Süden werden sie durch die Poebene und Venetien umrahmt. Die Alpen werden von ca. 15 Mio. Menschen bewohnt, die in den folgenden Staaten leben: Frankreich, Italien, die Schweiz, Liechtenstein, Deutschland, Österreich und Slowenien.[1]

Die Alpen sind Teil des „alpidischen Gebirgssystems", zu dem u. a. auch der Atlas, die Pyrenäen, der Apennin, das Dinarische Gebirge, die Karpaten, der Balkan, die kleinasiatischen Gebirge und darüber hinaus der Kaukasus, der Hindukusch, der Karakorum und der Himalaya gehören. Das Gebirgssystem setzt sich nach Zentralasien und Südostasien fort und findet dort Anschluss an den zirkumpazifischen Gebirgsgürtel. Die Alpen sind ein erdgeschichtlich junges Deckengebirge; ihre Entstehung begann in der Jura- und Kreidezeit und erlebte ihren Höhepunkt während des Tertiärs. Überprägt wurden die Alpen dann während der Eiszeiten. Die Gletscher, die das gesamte Gebirge überzogen, vertieften durch glaziale Erosion die vorhandenen Täler und hinterließen nach ihrem Abschmelzen tief eingeschnittene

---

[1] Monaco gehört zwar morphologisch zum alpinen System, kann jedoch nicht als „Alpenstaat" bezeichnet werden.

Vgl. hierzu grundlegend: Bätzing, Werner (⁴2015): Die Alpen – Geschichte und Zukunft einer europäischen Kulturlandschaft. 4., völlig überarbeitete und erweiterte Auflage, München: C. H. Beck Verlag, 484 S., sowie zahlreiche weitere Veröffentlichungen desselben Verfassers.

Trogtäler und Kare. Das mitgeführte Lockermaterial wurde als Moränen abgelagert. Die Alpengletscher stießen teilweise weit in die Vorländer vor, im nördlichen Alpenvorland wesentlich weiter als im südlichen. Die großen Seen des Schweizer Mittellandes, der Bodensee und die weiteren Seen des deutschen und österreichischen Alpenvorlandes bildeten sich nach dem Abtauen der Gletscher hinter deren Endmoränen und markieren die Ausdehnung der alpinen Vergletscherung (vor allem in der Würm-Eiszeit). Die oberitalienischen Seen enden zumeist am Südrand der Alpen bzw. reichen wesentlich weniger in das Vorland der Poebene hinein. Der gegenwärtige Klimawandel führt zu einem rapiden Rückgang der alpinen Gletscher, die in manchen Teilen der Alpen bereits ganz verschwunden sind. Die endgültige Ausformung erhielt das Relief dann in der Nacheiszeit durch die Erosion der Flüsse.

Geologisch und geomorphologisch können die Alpen zweigeteilt werden: in die „Westalpen" und die „Ostalpen". Die Grenze zwischen beiden verläuft vom östlichen Bodensee über das Alpenrheintal und den Splügenpass bis zum Comer See. Die Westalpen erreichen größere Höhen als die Ostalpen,[2] und die geologischen Strukturen sind unterschiedlich. Andere Differenzierungen bevorzugen eine Dreiteilung: in die „Westalpen" vom Mittelmeer bis zu einer Linie Mont Blanc – Aostatal, die „Zentralalpen" von dort bis zum Brennerpass und die „Ostalpen" östlich davon (Abb. 6.1). Ein Charakteristikum der Alpen sind die großen Längstäler, die

Abb. 6.1 Der Mont Blanc an der Grenze von Frankreich und Italien ist mit 4806 m der höchste Berg der Alpen. (Picture alliance/Johann Groder/EXPA/picturede/Johann Groder/394869653)

---

[2] Dort befindet sich die höchste Erhebung der Alpen, der Mont Blanc mit 4806 m.

den Gebirgskörper gliedern, vor allem die Täler der Isère (Grésivaudan), der Rhône (Wallis, Goms), des Alpenrheintals (Vorderrhein), des Inn, der Salzach, der Enns und der Drau. Viele dieser Täler knicken in ihrem Verlauf in Richtung der Vorländer ab und bilden dort Quertäler. Die Kombination von Quer- und Längstälern erleichtert die Durchgangsmöglichkeit durch die Alpen und die günstige Erreichbarkeit der wichtigsten Pässe. Diese geomorphologische Situation ist bis heute eine wesentliche Voraussetzung für den Alpentransit.

Zieht man andere Kriterien heran, so ergeben sich ganz andere Einteilungsmöglichkeiten. Diese sind großräumig festzustellen, gliedern sich jedoch aufgrund der Kleinteiligkeit des Reliefs in viele regionale und lokale kleinräumigere Einheiten. Hier sollen nur einige Unterschiede und Differenzierungsmöglichkeiten im Überblick dargestellt werden. So sind die Alpen eine wichtige Klimascheide: Großräumig werden sie im Westen von westeuropäischen Klimaelementen bestimmt, im Norden von mitteleuropäischen, im Osten von kontinentalen und im Süden von mediterranen. Hinzu kommt eine Differenzierung mit der Höhenlage, von der unteren collinen Stufe über eine mittlere montane Stufe, darüber eine subalpine, in noch größerer Höhe eine alpine und schließlich eine durch Schnee und Eis bestimmte nivale Stufe. Diese Abstufungen, die ihre Entsprechung in den jeweiligen Vegetationsstufen finden, variieren natürlich je nach der Lage im Alpenkörper und führen wegen der Kleinräumigkeit des Reliefs zu unterschiedlichen regionalen Auswirkungen. Mit der Ausrichtung der großen Alpentäler zu ihren jeweiligen Vorländern hängt es überdies zusammen, dass die Alpen eine europäische Wasserscheide darstellen: der Rhein und seine alpinen Nebenflüsse entwässern zur Nordsee, die alpinen Zuflüsse der Donau zum Schwarzen Meer, die südlich gerichteten Flüsse zum Mittelmeer, der Po zur Adria, die Rhône zum Golfe du Lion.

Eine kulturgeographische Gliederung nach wirtschaftlichen Kriterien ergibt einerseits klimatisch und reliefmäßig begünstigte Tallagen, die daher agrarische Gunsträume sind. Wegen der verhältnismäßig gut zugänglichen Verkehrssituation befinden sich dort auch die Standorte der Industrie. Andererseits sind die höheren Gebirgslagen weniger dicht oder kaum bis gar nicht besiedelt und werden nur relativ extensiv genutzt. Wie für Hochgebirge üblich, finden sich die wichtigen Siedlungsräume ebenso wie die größeren inneralpinen Städte und die wirtschaftlich bedeutenden Zonen in den großen Alpentälern. Dies betrifft insbesondere die „Achsen", die sich für den Durchhangsverkehr eignen, so das Rhônetal, das Inntal, das Salzachtal, das Drautal und das Isèretal. Wo diese Längstäler Anschluss an alpine Quertäler besitzen, war die Voraussetzung für eine gute Verkehrsdurchgängigkeit für den Transitverkehr gegeben. Dies war schon in prähistorischer Zeit der Fall. Nicht umsonst liegen die meisten der großen Alpenrandstädte eher am Rand des Hochgebirges am Beginn solcher transalpinen Verkehrswege. Ein weiteres Kriterium, wie die Alpen differenziert werden können, ist die sprachliche Gliederung: Im Norden der deutsche Sprachraum, im Südwesten der französische, im Süden der italienische, in den zentralen Alpen die rätoromanische und ladinische Sprache, im Südosten die furlanische (rätoromanische) Sprache und im äußersten Südosten der slawische Sprachraum (Slowenisch).

Die großen Alpentäler werden teilweise durch großflächige landwirtschaftliche Intensivkulturen geprägt (u. a. Wein- und Obstbau in Südtirol und zahlreichen weiteren nach Süden exponierten Tälern, Weinbau im Schweizer Rhônetal). Auch Handel, Gewerbe und die Industrie haben sich hier angesiedelt. Die höheren Lagen sind durch die Viehzucht (früher Almwirtschaft) extensiver genutzt, darüber durch Forstwirtschaft. Jedoch ist beinahe die Hälfte der Fläche aufgrund der Höhenlage kaum oder gar nicht besiedelt. Die höheren Gebirgslagen der alpinen und nivalen Stufe sind seit jüngerer Zeit durch den Tourismus erschlossen worden. Erst der Wintertourismus hat zu einer Einbeziehung der alpinen Hochlagen in das alpine Wirtschaftsgefüge geführt. Der Tourismus ist heute in allen Bereichen auf dem Vormarsch und bildet inzwischen die Basis der alpinen Wirtschaft, führt andererseits zu ökologischen Problemen (Übertourismus).

Die Mobilität der alpinen Bevölkerung offenbart eine weitere Differenzierung, und zwar in die Abwanderungsgebiete im höheren Bergland und die städtischen Zentren in den großen Tälern, in die die Zuwanderung gerichtet ist, falls die Abwanderung nicht direkt in die Wirtschaftszentren der Vorländer zielt. Die Abwanderung ist teilweise so stark, dass es zu einer Entvölkerung mancher Berggebiete gekommen ist, in deren Folge Kulturland und Siedlungen aufgegeben wurden. Diese Tendenz ist freilich nicht in allen Alpengebieten gleich stark: Man schätzt, dass in den italienischen Alpengebieten in Friaul und in Piemont fast ein Viertel der Bevölkerung in den letzten Jahrzehnten abgewandert ist. Auch in den französischen Alpen ist vielerorts ein Bevölkerungsrückgang zu verzeichnen. In der Schweiz, in Österreich, Deutschland, Südtirol und Slowenien kann die Bevölkerungszahl hingegen zumeist gehalten werden bzw. steigt sogar an. Der Tourismus kann diese negative Tendenz in den Regionen, die Abwanderung zu verzeichnen haben, nur teilweise aufhalten. Ein weiterer Trend ist gegenwärtig der Ankauf von verlassenen Häusern durch reiche Bewohner der Vorländer und ihre Umgestaltung zu Zweitwohnsitzen. Diese Entwicklung ist zwar durch die Restaurierung von Gebäuden zu begrüßen. Sie kann aber keineswegs die ursprüngliche Struktur wiederherstellen, und ist ökologisch ebenso wie wirtschaftlich nicht unproblematisch.

Man nimmt an, dass die Besiedlung der Alpen gegen Ende der letzten Eiszeit begann. Im Neolithikum begann um etwa 4500 v. Chr. der Übergang von der Jäger- und Sammlerwirtschaft zu Ackerbau und Viehzucht. Die noch dünne Besiedlung verdichtete sich während der Bronzezeit. Bekannt ist die Gletschermumie von „Ötzi", der etwa 3200 v. Chr. gelebt hat. Dichte Waldbedeckung erschwerte anfangs die Nutzung großer Weidegebiete. Erst nach deren Rodung konnte die Autarkiewirtschaft mit Ackerbau und Viehzucht intensiviert werden. Verschiedene Völker wie die Räter und keltische Stämme (u. a. Noriker) besiedelten in den nachfolgenden Epochen die Alpen. In der frühen Eisenzeit wurde Bergbau getrieben (Salz; „Hallstattzeit"; Metalle, Kupfer, Silber, Eisen), was zu einer Intensivierung der Handelsbeziehungen mit den Alpenvorländern führte. In den ersten Jahrzehnten v. Chr. kamen die Alpen in den römischen Machtbereich. Die damalige Alpenbevölkerung wurde romanisiert, woraus sich die heutigen, im Alpenraum gesprochenen Sprachen Französisch, Italienisch, Rätoromanisch und Furlanisch entwickelten.

Die sich steigernde Verkehrsspannung zwischen den Römerstädten nördlich und südlich der Alpen erforderte den Ausbau der transalpinen Straßen und Pässe (Col de

Montgenèvre, Großer Sankt Bernhard, Septimer, Julierpass, Reschenpass, Brenner), die vordem nur Saumpfade waren. Andere, heute bedeutende Pässe wie Gotthard- und Simplonpass erhielten erst später größere Bedeutung. Die Christianisierung der Alpen begann im frühen Mittelalter und wurde in der Folge durch Gründungen von Bischofssitzen und Klöstern gefördert. Von diesen aus wurde die Kultivierung der Alpen forciert. Im Zuge der Völkerwanderung waren inzwischen germanische Völker, Alemannen und Bajuwaren, von Norden her in die Alpen vorgedrungen und hatten die romanische Bevölkerung zurückgedrängt. Dies war der Beginn der Herausbildung der Sprachgrenze zwischen dem germanischen und dem romanischen Sprachraum. Im Osten der Alpen siedelten sich die slawischen Slowenen an. Dort entstand die Sprachgrenze zwischen germanischen und slawischen Sprachen.

Das Hochmittelalter verzeichnete einen Bevölkerungszuwachs in den Alpen: Aufgrund der starken Bevölkerungszunahme in den Vorländern entwickelte sich eine Zuwanderung und Inkulturnahme alpiner Bereiche, auch solcher, die vordem aufgrund ihrer zu großen Höhenlage noch nicht einbezogen worden waren (Walserkolonisation). Das Hochmittelalter war zudem eine Epoche der Städtegründungen, vor allem an Standorten, die verkehrsmäßig günstig waren, beispielsweise dort, wo sich ein Schnittpunkt zweier Täler befand und sich der Verkehr daher bündelte. Bereits in römischer Zeit waren zahlreiche Städte vorwiegend an den Landschaftsgrenzen der Vorländer und der Alpen gegründet worden, und zwar hauptsächlich am Eingang großer Täler, die den Zugang zu den wichtigen Pässen ermöglichten (z. B. Grenoble, Chur, Trient etc.). Im Hochmittelalter entstanden weitere Städte, die sich zu zentralen Orten entwickelten (u. a. Innsbruck, Bozen, Klagenfurt, Villach, Feldkirch). Dennoch blieben diese inneralpinen Städte im Schatten der Alpenrandstädte. Hierzu gehören u. a. Wien, Genf, Nizza, Graz, Udine, München, Salzburg, Verona, Brescia, Mailand, Turin etc.), wie überhaupt die Alpen wirtschaftlich mit den in jeder Hinsicht günstiger ausgestatteten Vorländern nicht Schritt halten konnten. Ab dem Hochmittelalter und bis in die frühe Neuzeit intensivierte sich der transalpine Verkehr mit dem Aufkommen der großen Wirtschaftszentren in den Vorländern (Nürnberg, Augsburg, München, Salzburg, Schweizer Städte (u. a. Genf, Bern, Zürich), Französische Städte (Lyon), italienische Alpenrandstädte (u. a. Mailand, Turin) und die großen Städte in Mittelitalien.

Ab dem Hochmittelalter bildete sich auch die territoriale Gliederung des Gebirges heraus. Ein wesentliches Kennzeichen war die Bildung von Passstaaten, die um die wichtigsten Pässe der Alpen beiderseits des Alpenhauptkamms entstanden und diese in ihr jeweiliges Territorium einbezogen. Klassische Beispiele sind hierfür die Grafschaft Tirol, das Herzogtum Savoyen, das Erzbistum Salzburg, die Ur-Eidgenossenschaft (Uri, Schwyz, Unterwalden), der Freistaat der Drei Bünde in Graubünden und der Bund von Briançon beiderseits des Col de Montgenèvre. Diese Passstaaten kontrollierten durch ihre strategische Position den Transitverkehr und konnten Zölle erheben. Trotz vieler Veränderungen blieben diese Territorien im Laufe der Geschichte so lange erhalten, bis das Streben nach „nationalen" Grenzen diese staatlichen Gebilde ablöste. Teilweise geschah dies erst im Verlauf des 20. Jahrhunderts (Tirol als Folge des Ersten Weltkriegs). Die Schweiz war eine

Ausnahme, sie entstand aus dem Zusammenschluss der bäuerlich geprägten Urkantone und der allmählichen Ausweitung in langen Kämpfen vor allem gegen die Habsburger. Die Schweiz ist heute der einzig verbliebene dieser Passstaaten.

Im Verlauf des 19. und 20. Jahrhundert erlitt die Wirtschaft der Alpen große Einbußen. Dies geschah einerseits durch die Intensivierung der Landwirtschaft in den Vorländern, in denen günstigere Produktionsmöglichkeiten gegeben waren, denen gegenüber die schwierigeren Bedingungen der Alpen insbesondere im Bereich der Landwirtschaft nicht mithalten konnten. Denn die Investitionen für die notwendige Mechanisierung der Landwirtschaft waren zu hoch, um dieselbe Produktivität und die gleichen Erträge wie die Vorländer zu erreichen. Subventionen versuchen, diese ungünstigeren Produktionsbedingungen auszugleichen. Unter steigendem ökonomischem Druck schwindet jedoch seit der zweiten Hälfte des 20. Jahrhunderts die Vielfalt der Land- und Forstwirtschaft in den Alpen, welche wegen der Mechanisierung mittlerweile zwar leichter zu betreiben ist, sich jedoch finanziell nicht mehr lohnt. Weiter florieren konnten trotz des Konkurrenzdrucks die Intensivkulturen in den Tälern. Die Folge war die Abwanderung vieler Arbeitskräfte aus der Landwirtschaft. Sie konnten teilweise durch die Industrialisierung aufgefangen werden. Diese hatte im 19. Jahrhundert auch in den Alpen begonnen. Damit und mit dem bald einsetzenden Tourismus endete die herausragende Stellung der Berglandwirtschaft, und viele überflüssig gewordene landwirtschaftliche Arbeitskräfte wanderten daraufhin aus.

Die ersten bergbaulich geprägten Regionen in den Alpen sind bereits in die Bronzezeit anzusetzen. Damals nutzte man vor allem die Kupfererze zur Herstellung der Bronze (Legierung mit Zinn). Seit der frühen Eisenzeit wurden die Salzvorkommen vor allem im Salzkammergut und im Berchtesgadener Land erschlossen (Abb. 6.2). Besonders wichtig wurde seit dem Hochmittelalter das Eisenerz. Ein Beispiel dafür ist der Erzberg in der Stadt Eisenerz in der Steiermark, ein anderes

Abb. 6.2 Der Salzbergbau in Hallstatt (Salzkammergut) gilt als der vermutlich älteste der Welt (seit ca. 3000 v. Chr. durch Sieden der salzhaltigen Quellen, seit ca. 1500 v. Chr. durch bergmännischen Abbau). Nach dem Salzbergbau in Hallstatt ist die ältere vorrömische Eisenzeit benannt: die keltische Hallstattzeit (800 bis 450 v. Chr.). (Picture alliance/Franz Neumayr/picturedesk.com/Franz Neumayr/479635615)

Abb. 6.3 Der Erzberg in der steirischen Stadt Eisenerz in der Gebirgsgruppe der Eisenerzer Alpen ist der größte Eisenerztagebau Mitteleuropas und das größte Sideritvorkommen weltweit. Dem Erzberg verdanken die Voestalpine mit ihren Stahlwerken in Linz und Leoben-Donawitz sowie die Montanuniversität Leoben ihre Existenz. (Picture alliance/Zoonar/Photofex/471055927)

das Aostatal mit seinen Eisen- und Kohlevorkommen (neben anderen Metallen). Zwar wurden solche Vorkommen teilweise schon seit früher Zeit genutzt, der Aufschwung erfolgte in großem Stil jedoch seit der zweiten Hälfte des 19. und vor allem im 20. Jahrhundert. Der Erzberg war der Grund für die Bildung des Unternehmens Voestalpine, bis heute ein international wichtiger Stahl- und Technologiekonzern (Abb. 6.3). Im Aostatal produziert die Firma Cogne Acciai Speciali, ebenfalls ein weltweit tätiger Konzern, u. a. rostfreie Edelstähle.

Das Bozner Industriegebiet, ebenfalls mit Großindustrien (Stahlwerk, Automobilwerk etc.) entstand hingegen erst in den 30er-Jahren des 20. Jahrhunderts und nicht auf der Basis dort vorkommender Erze. Es handelte sich um eine politische Entscheidung zur Zeit des Faschismus in Italien (Abb. 6.4). Zahlreiche andere Industrien siedelten sich in den Alpen an, insbesondere in den großen Tälern, bzw. in den Städten mit Eisenbahnanschluss. Aufgrund der Abwanderung aus der Landwirtschaft standen zunächst genügend Arbeitskräfte zur Verfügung. Jedoch erwies sich der wirtschaftliche Aufschwung der Vorländer mit ihren großen Bevölkerungsagglomerationen und besser angeschlossenen Verkehrsverbindungen als eine Konkurrenz, die sich negativ auf bestimmte Branchen der alpinen Industrie auswirkte. Dies betraf vor allem die Stahlindustriestandorte, die sich anstatt der Massenproduktion von Stahl auf die Herstellung von Spezialstählen verlegten und damit ihre Standorte – teilweise nur durch Subventionen – halten konnten.

Die jüngste Industrie in den Alpen ist die Energiegewinnung. Der Wasserreichtum und das Relief machen die Alpen zu einem idealen Ort für die Produktion

Abb. 6.4 Die Bozner Industriezone. (Picture alliance/ZB/Euroluftbild.de/13693299)

von hydroelektrischer Energie. Schon länger wurde Wasserkraft für Mühlen und Hammerschmieden genutzt. Wasserkraftwerke mit Stauseen deckten dann vor allem den Strombedarf der Industrie und sicherten die Stromversorgung. Die ersten Werke wurden in den französischen Alpen gebaut und trugen zur Ansiedlung der Elektrochemie in dieser Region, aber auch anderswo in den Alpen bei. Gewaltige Staumauern stauen in vielen Alpentälern Seen (Pumpspeicherwerke) auf: sowohl für die Energieerzeugung wie auch für die Versorgung der Bevölkerung der Alpen und ihrer Vorländer sowie für Industriezweige, die einen großen Energiebedarf haben und auf billige Industrien angewiesen sind (Aluminiumindustrie) (Abb. 6.5 und 6.6). Inzwischen haben sich einzelne Sparten konsolidiert und für manche Bereiche eine Spezialisierung und quasi ein Monopol erreicht. Spezielle Industriezweige entstanden im Gefolge des Tourismus, so die Konzentration auf „Outdoorprodukte" zur Ausrüstung der Touristen. Trotz der großen Konkurrenz aus Ost- und Südostasien haben sich in den Alpen zahlreiche Firmen dieser Art gebildet. Ein Industriezweig, der völlig auf den Tourismus zugeschnitten ist, ist die Herstellung von Seilbahnen und anderen Aufstiegshilfen (Abb. 6.7 und 6.8). In dieser Branche sind alpine Unternehmen weltweit führend. Schneekanonen und Pistenraupen sind ebenso wie die Ausrüstung für Skifahrer bedeutende Branchen.

Durch die Eisenbahn erleichterte und intensivierte sich der Transitverkehr durch die Alpen im Verlauf des 19. Jahrhunderts. Hierfür waren architektonische Meisterleistungen erforderlich, da die Situation des Hochgebirges extreme Schwierigkeiten bot, die nur durch spezielle bauliche Maßnahmen (Tunnels, Brücken) überwunden werden konnten. Das Verkehrsproblem schlechthin in den Alpen ist heute der

Abb. 6.5 Der Staudamm Grande Dixence gilt mit 285 m Mauerhöhe als der vierthöchste Staudamm weltweit. Die Wasserkapazität des Stausees beträgt 400 Mio. m³. Er deckt den jährlichen Elektrizitätsbedarf von 400.000 Haushalten. (Picture alliance/REUTERS/Denis Balibouse/318736400)

Abb. 6.6 Blick in die Maschinenhalle der Centrale de Nendaz, Grande Dixence SA. (Picture alliance/KEYSTONE/JEAN-CHRISTOPHE BOTT/430943983)

Abb. 6.7 Seilbahnbau ist eine der modernen Industrien im Alpenraum (Fa. Doppelmayr, Wolfurt, Vorarlberg). (Picture alliance/BARBARA GINDL/APA/picturedesk.com/BARBARA GINDL/477340219)

Abb. 6.8 Produktion von Seilbahnen, Schleppliften und Windkrafträdern (Fa. Leitner, Sterzing, Südtirol). (Picture alliance/Caro/Kaiser/419276869)

Autoverkehr, insbesondere der Güterverkehr auf den großen Transitrouten, zu dem noch der PKW-Verkehr im Zusammenhang mit dem Tourismus kommt. Der Verkehr hat so stark zugenommen, dass die Belastung für Ökologie und Bevölkerung teilweise unerträglich geworden ist. Problematisch ist insbesondere, dass durch häufige Inversionswetterlagen der Luftaustausch unter erschwerten Bedingungen stattfindet. Dadurch verweilen Schadstoffe überdurchschnittlich lang in der alpinen Talatmosphäre. Maßnahmen zur Einschränkung des Verkehrs werden in bestimmten Gebieten (Tirol, Schweiz) durchgeführt. Andererseits versucht man, durch riesige Projekte (Brennerbasistunnel) den Güterverkehr von der Straße auf die Schiene zu verlagern.

Waren die Alpen für Außenstehende vordem teilweise als bedrohliche und gefährliche Landschaft erschienen, so entdeckte man schließlich die Reize des Hochgebirges und nutzte sie zur „Sommerfrische". Insbesondere englische Touristen haben vor allem seit der Mitte des 19. Jahrhunderts den Alpentourismus begründet. Am Anfang fand dieser während des Sommers statt. Die Sommersaison blieb lange das Hauptstandbein des Tourismus, er weitete sich als Kur- und Badetourismus im Zusammenhang mit dem gewandelten Image des Hochgebirges allmählich auch auf den Winter aus. Viele der eindrucksvollen Hotelanlagen der „Jahrhundertwende", in denen sich anspruchsvolle und betuchte Gäste einfanden, sind bis heute erhalten, wenn sie auch manchen modernen Ansprüchen nicht mehr genügten und aufgelassen wurden. Nach dem Zweiten Weltkrieg begann der rasante Aufschwung des Tourismus auch in die Wintersaison. Aufstiegshilfen (Bergbahnen, Skilifte) ermöglichten die Einbeziehung der höheren und höchsten Gebirgslagen in die wirtschaftliche Nutzung, führten jedoch zu einem gewaltigen Zuwachs des Autoverkehrs zusätzlich zum Transitverkehr.

Für viele Alpengemeinden ist der Tourismus die einzige Einnahmequelle, er ist praktisch zu einer Art „Monokultur" geworden. Er hat positive Seiten, indem er zu Synergieeffekten mit Landwirtschaft und Industrie führt; die Versorgung der Touristen mit Lebensmitteln und industriellen oder gewerblichen Produkten aus den Tourismusregionen selbst ist durchaus ein Vorteil. Durch den Massentourismus werden zudem dringend benötigte Arbeitsplätze geschaffen und regionale Einkommen generiert, wodurch die Gefahr einer Abwanderung verringert werden kann. Jedoch ist der Tourismus, was auch nicht vermieden werden kann, nicht flächenmäßig in den gesamten Alpen im gleichen Maße vorhanden. Touristische Brennpunkte stehen weiten Bereichen gegenüber, die gar nicht vom Tourismus betroffen sind. Zudem läuft der Tourismus Gefahr, die Landschaft der Alpen, die ja sein Kapital ist, durch die übermäßige Nutzung zu zerstören und damit auf Dauer seine eigene Grundlage zu vernichten (Übertourismus). Überdies fördert der Tourismus, wenn er sich zu stark auf die Ansprüche seiner Kunden und deren Wünsche konzentriert, die Vereinheitlichung der alpinen Landschaft anstelle der vielfältig differenzierten kleinräumigen Einzellandschaften. Mit der Industrialisierung und Modernisierung verschwinden die Alpen als ein Raum mit spezifischen Charakteristika. Die Orte werden ubiquitärer, die Landschafts-, Siedlungs-, Wirtschafts- und Kulturformen haben zunehmend weniger alpines Gepräge. Die Konzentration der wirtschaftlichen Aktivitäten auf Zentren und die „Rückständigkeit" der nicht von Industrie und/oder Tourismus beeinflussten Räume fördern die regionalen Disparitäten. Die weitergehende Abwanderung aus den Ungunsträumen der Berggebiete in die alpinen Zentren und weiter in die Alpenrandstädte führt zum Auflassen von Siedlungen und Kulturland.

Die Alpen – Grenzraum, Übergangsraum, Kulturraum, Problemraum

7

Die Alpen stellen wie jedes Hochgebirge ein Hindernis und einen *Grenzraum* zwischen den jeweiligen Vorländern dar, indem sie den kulturellen und wirtschaftlichen Austausch zwischen diesen erschweren. Die Verkehrsverbindungen müssen sich aufgrund des Hochgebirgsreliefs auf einige wichtige Durchgangsstrecken konzentrieren, in denen die heutige Intensität des internationalen Güterverkehrs vor allem auf der Straße zu großen Belastungen der Umwelt führt. Auch in anderen Bereichen wie dem Klima zeigt sich diese Grenzfunktion der Alpen, indem sie den mittel- und westeuropäischen Klimabereich vom mediterranen trennen. Es liegt nahe, dass sich auch Staatsgrenzen in den Alpen treffen, ebenso wie die kulturellen Einflüsse der jeweiligen Nachbarlandschaften. An den Alpen haben insgesamt sieben Länder Anteil: Frankreich, Italien, Schweiz, Liechtenstein, Deutschland, Österreich und Slowenien. Manche dieser Länder sind besonders stark vom Hochgebirge geprägt, wie Österreich, die Schweiz, Slowenien und Liechtenstein. In Österreich nehmen die Alpen über 60 % der Staatsfläche ein; hier lebt etwa die Hälfte der österreichischen Staatsbürger (ca. 1/3 aller Alpenbewohner); in der Schweiz (1/4 der Schweizer, 1/3 der gesamten Alpenbevölkerung) und Slowenien jeweils über 40 % (1/3 der Slowenen, 1/8 der alpinen Bewohner). Das gesamte Staatsgebiet von Liechtenstein liegt in den Alpen; Monaco gehört zwar morphologisch zu den Alpen, hat aber keinerlei alpinen Charakter. Österreich, Italien und Frankreich nehmen zusammen 77 % des Alpenraumes ein und stellen drei Viertel der alpinen Bevölkerung. Jedoch bilden die Alpen in Frankreich und Italien nur einen Teil ihrer jeweiligen Staatsgebiete (Italien 17 %, Frankreich 7 %). In Deutschland macht der alpine Anteil an der Staatsfläche lediglich 2 % aus.[1]

Die Alpen bilden zwar ein natürliches Hindernis, aber die politischen Grenzen in den Alpen richten sich nicht unbedingt nach Naturgegebenheiten, etwa dem „Alpenhauptkamm", der im Übrigen schwer zu definieren ist. Sie sind vielmehr erst das Ergebnis einer historischen Entwicklung und entstanden im Laufe der Geschichte

---

[1] Alpen: https://de.wikipedia.org/wiki/Alpen.

infolge von Übereinkünften, aber auch von Konflikten zwischen den beteiligten Staaten. Die heutigen Grenzen wurden erst im 20. Jahrhundert endgültig festgelegt. Vorher bestanden verschiedene alpine Territorien, die keine Grenzen innerhalb der Alpen besaßen, sondern sich vom nördlichen und westlichen Alpenrand quer über die gesamte Breite der Alpen bis zum südlichen Alpenvorland ausdehnten. Sie erstreckten sich um die wichtigen Pässe und konnten damit den Durchgangsverkehr über diese verkehrsmäßigen Nadelöhre kontrollieren. Solche Passstaaten waren beispielsweise Tirol und Savoyen, die Schweiz ist bis heute ein Passstaat. Diese waren kulturell, ethnisch und sprachlich nicht einheitlich, doch spielte damals die nationale Komponente bei der Grenzfestlegung noch keine wesentliche Rolle. Dies änderte sich erst in der jüngeren Gegenwart, wo Nationalstaaten nach Grenzen strebten, die ihre nationale Bevölkerung umschlossen. Dass dies nicht vollständig gelungen ist, zeigen verschiedene nationale Minderheiten in einzelnen Alpenstaaten.

Die Alpen sind jedoch nicht nur ein Grenzraum zwischen den beteiligten Staaten, sondern sie haben noch eine andere Funktion, nämlich die des *Übergangsraumes* zwischen den benachbarten Natur- und Kulturräumen, deren Charakteristika sich im Gebirge treffen. Der nördliche Alpenbereich ist vom mitteleuropäischen Klima geprägt, der Süden vom mediterranen, eine Differenzierung, die sich auch in Unterschieden der Vegetation manifestiert. Dem entspricht die landwirtschaftliche Nutzung, die entsprechende Unterschiede aufweist. Kulturell treffen sich in den Alpen die großen indoeuropäischen Sprachgruppen: der germanische Sprachraum (Deutsch) im Norden, der romanische Sprachraum (Französisch, Italienisch, Rätoromanisch) im Westen und Süden und der slawische Sprachraum (Slowenisch) im Südosten. Bauformen und Bauweise im städtischen und ländlichen Bereich stehen ebenfalls in Verbindung mit den angrenzenden Vorländern und übernahmen deren Charakteristika. Jedoch bilden alle diese Differenzierungen im Gegensatz zu den politischen keine linienhaften Grenzen aus. Es handelt sich vielmehr um Zonen des allmählichen Überganges, wobei diese für alle genannten Kriterien unterschiedlich sind und nicht exakt übereinstimmen. Auf die klimatischen Bedingungen hat der Mensch großräumig natürlich keine Einflussmöglichkeiten. Die kulturellen Erscheinungen hingegen sind durch die Besiedlungsgeschichte und die jahrhundertelange politische Entwicklung entstanden.

Die Alpen waren in früheren historischen Zeiten der Selbstversorgung eher „Ungunsträume" mit Produktionsbedingungen, die aufgrund des Hochgebirgscharakters und der problematischeren klimatischen Bedingungen schwierigere Lebensumstände boten als die benachbarten „Gunsträume" (nördliches Alpenvorland, südliches Alpenvorland mit der Poebene, Rhône-Saône-Graben). Das Hochgebirge bot daher zunächst keinen Anreiz für eine Besiedlung, bzw. eine solche beschränkte sich auf die bevorzugten Täler, in denen intensive Landwirtschaft betrieben wurde. Vor allem dort finden sich frühe Belege für eine dichtere Besiedlung. Viehwirtschaft in den höher gelegenen Zonen ergänzte den Ackerbau. Erst als die Bevölkerung in den Vorländern stark anstieg und die Gefahr bestand, dass die wirtschaftliche Tragfähigkeit dort überschritten werden könnte, „entdeckte" man die Alpen als Ausweichmöglichkeit, und es kam von allen Seiten zum Vordringen der Vorlandkulturen und -sprachen. Dadurch wurde die dort bereits ansässige Bevölkerung zurückgedrängt bzw. assimiliert und konnte sich nur in „Rückzugsgebieten" halten (z. B. Rätoromanen). Die „deutschen" Einflüsse von Norden, die „französischen" von Westen, die „italienischen" von Süden und die „slowenischen" von Osten führten schließlich dazu, dass alle diese Sprachen sich in den Alpen treffen. All dies ergab keine linienhaften Grenzen, sondern allmähliche Übergänge. Die politischen Grenzen orientierten sich nur ungefähr an den kulturellen Grenzen, sie entstanden vielmehr aufgrund politischer Entscheidungen. Dies zeigt sich daran, dass es in verschiedenen Staaten bis heute ethnisch-sprachliche Minderheiten gibt, wie die deutschsprachige Bevölkerung in Südtirol (Italien), die französischsprachige im Aostatal (Italien) und die slowenischsprachige in Kärnten (Österreich).

Die Alpen weisen somit wie alle Hochgebirge eine kulturelle Vielfalt auf. Dennoch zeigen sie trotz mancher Unterschiede naturgemäß die gleichen, für ein Hochgebirge typischen Züge eines gemeinsamen *Natur- und Kulturraumes*. Die alpine Landschaft ist aufgrund des Reliefs stark gegliedert: Tief eingeschnittene, dicht besiedelte und intensiv landwirtschaftlich genutzte Täler (Wein- und Obstbau), in denen sich heute die Industrie konzentriert, und die als internationale Verkehrswege bis heute wichtig sind, machen flächenmäßig den kleinsten, aber wirtschaftlich wichtigsten Teil der Alpen aus (Abb. 7.4). Dem gegenüber stehen die ausgedehnten und mit zunehmender Höhe immer schrofferen und schließlich siedlungsfeindlichen Hochgebirgsbereiche, die dünn besiedelt sind und nur bis in die mittleren Lagen durch eine eher extensive Viehhaltung (früher Almwirtschaft) genutzt werden (Abb. 7.1, 7.2 und 7.3).

Erst in der Gegenwart hat der Tourismus (Wintersport) auch die höchstgelegenen Gipfelregionen entdeckt und wirtschaftlich erschlossen (Abb. 7.4, 7.5, 7.6, 7.7 und 7.8). Es besteht also eine in Grundzügen gemeinsame alpine Kultur, die sich

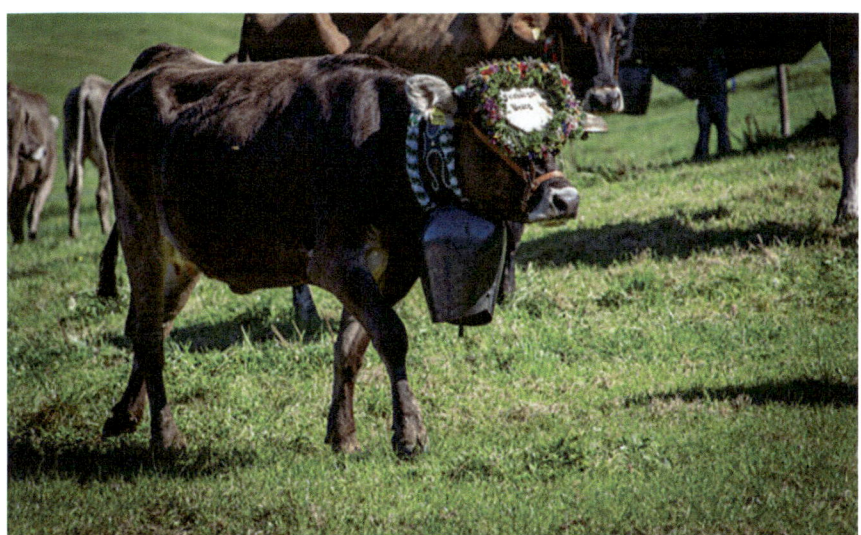

Abb. 7.1 Almabtrieb im Allgäu: Die Almwirtschaft prägte jahrhundertelang die Kulturlandschaft der Alpen. (Picture alliance/M.i.S./Bernd Feil/484453969)

Abb. 7.2 Almenlandschaft in Slowenien. (Picture alliance/Westend61/Manuel Sulzer/228424149)

Abb. 7.3 Die Milchwirtschaft ist nach wie vor eine Säule der alpinen Landwirtschaft: Käseproduktion bei Bergamo, Norditalien. (Picture alliance/CHROMORANGE/Michelangelo Oprandi/391488812)

Abb. 7.4 Weinbau am Kalterer See, Südtirol. (Picture alliance/Franz Neumayr/picturedesk.com/Franz Neumayr/248315105)

Abb. 7.5 Hotelanlage in Arc 1800, Savoie, Frankreich. (Picture alliance/Hans Lucas/Capucine Veuillet/515390735)

Abb. 7.6 Skitouristen in Combloux, Haute-Savoie, Frankreich. (Picture alliance/Hans Lucas/Capucine Veuillet/512874143)

Abb. 7.7 Skifahrer an der Talstation zum Ski-Gebiet Bendolla, Grimentz, Val d'Anniviers, Walliser Alpen, Kanton Wallis, Schweiz. (Picture alliance/imageBROKER/Karlheinz Irlmeier/517937468)

7 Die Alpen – Grenzraum, Übergangsraum, Kulturraum, Problemraum

Abb. 7.8 Schwebebahn zum Säntis, dem mit 2502 m höchsten Berg in den Appenzeller Alpen. Auf dem Säntis treffen die drei Kantone Appenzell Ausserrhoden, Appenzell Innerrhoden und St. Gallen zusammen. (Picture alliance/Geisler-Fotopress/Robert Schmiegelt/GeislerFotopr/427303192)

über alle Differenzierungen und historischen Veränderungen gehalten hat. Man ist sich bewusst, dass man im Hochgebirge lebt und dass dieselbe Situation und die gleichen Probleme auch die Nachbarlandschaften betreffen. Es besteht ein Zusammengehörigkeitsgefühl, selbst wenn man die dortige Bevölkerung noch nicht richtig kennt oder ihre Sprache nicht versteht. Die Tatsache, dass die Alpenländer (außer der Schweiz und Liechtenstein) alle der Europäischen Union angehören, fördert das gegenseitige Verständnis, insbesondere seitdem die Grenzen durch das Schengener Abkommen durchlässiger geworden sind. Im Übrigen sind auch die Schweiz und Liechtenstein, obwohl keine Mitglieder der EU, in vielen alpinen Zusammenschlüssen mit den anderen Alpenländern verbunden und auch an einer großen Zahl von EU-Programmen beteiligt.

Darüber hinaus gibt es Probleme, die das gesamte Hochgebirge betreffen, die Alpen sind durchaus auch ein *Problemraum*: Alle Alpenländer haben aufgrund des Reliefs und des Klimas mit Naturgefahren zu kämpfen, die in einem Hochgebirge naturgemäß gefährlicher sind als in Ebenen oder Flachländern: Bergstürze, Lawinen, Überschwemmungen, um nur einige zu nennen. Diese Schwierigkeiten sind nicht auf einen der beteiligten Staaten beschränkt, sie enden nicht an Staatsgrenzen, sondern sind international, daher auch besser international zu bekämpfen. Die Alpen waren seit jeher ein Durchgangsraum für den Verkehr zwischen den benachbarten wirtschaftlichen Kernräumen, also dem deutschen und österreichischen Alpenvorland, dem Schweizer Mittelland, dem Saône-Rhône-Graben und der

Abb. 7.9 Früher Verkehrsweg durch die Alpen: Häderlisbrücke über die Reuss bei Göschenen im unteren Bereich der Schöllenenschlucht im Kanton Uri. Die Brücke stammt aus dem 17. Jahrhundert und wurde nach ihrer Zerstörung durch ein Hochwasser 1987 im Jahre 1991 originalgetreu wieder aufgebaut. (Picture alliance/prisma/Gerth Roland/63012804)

Poebene, im weiteren Sinne zwischen Nordeuropa und Südeuropa (Abb. 7.9). Heute sind die Verkehrswege durch den internationalen Güterverkehr, der überwiegend auf der Straße abgewickelt wird, völlig überlastet (Abb. 7.10). Der Ausbau der Eisenbahnverbindungen als Alternative kann mit dem stetigen wachsenden Güterverkehr nicht schritthalten (Abb. 7.11). Die ökologischen Folgen für die Alpen sind jedenfalls dramatisch und lassen sich nicht kleinteilig lösen. Hinzu kommt die private Mobilität durch die zunehmende touristische Erschließung: Die Alpen sind bekanntlich das Zielgebiet für den Tourismus aus teilweise weit entfernten Quellgebieten. Und dieser findet überwiegend mit Privat-PKWs statt (Abb. 7.12 und 7.13). Das Problem des Übertourismus stellt sich für die gesamten Alpen, wenn auch differenziert in verschiedenen besonders frequentierten Brennpunkten und solchen, die erst mehr oder weniger im Entstehen begriffen sind. Kleinräumige Lösungsversuche helfen nicht weiter, hier muss in größerem Zusammenhang gehandelt werden.

Damit hängt das grundsätzliche Problem der Nachhaltigkeit zusammen, das die gesamten Alpen betrifft. Bevölkerung, Wirtschaft und Kultur müssen stabilisiert werden. Die Frage der Belastbarkeit der alpinen Landschaft durch wirtschaftliche Inwertsetzung ist zu klären: Wie weit kann man gehen, ohne die Landschaft zu überfordern oder zu zerstören? Wie soll die wirtschaftliche Entwicklung aussehen, auch vor dem Hintergrund, dass die Alpen in vielen Regionen bis heute Abwanderungsgebiete sind und entvölkert werden? Die Aufgabe von Kulturlandschaft

7 Die Alpen – Grenzraum, Übergangsraum, Kulturraum, Problemraum 59

Abb. 7.10 Arlbergpassstraße in Stuben am Arlberg. (Picture alliance/Dietmar Stiplovsek/picture-desk.com/Dietmar Stiplovsek/98966587)

Abb. 7.11 Einfahrt in den alten, 1882 eingeweihten Gotthard-Eisenbahntunnel bei Göschenen, Schweiz. (Picture alliance/KEYSTONE/URS FLUEELER/83903057)

Abb. 7.12 Zufahrt zum Arlbergtunnel und zum Arlbergpass. (Picture alliance/CHROMORANGE/Weingartner-Foto/389204969)

Abb. 7.13 Arbeiten am Brennerbasistunnel: Baustelle Mauls Nord mit Zufahrtstunnel im Dezember 2023. (Picture alliance/Johann Groder/EXPA/picturede/Johann Groder/439581010)

und der Verlust von architektonischen und, gravierender noch, sozialen Strukturen ist eine Folge dieser Entwicklung. Hier müssen grundsätzliche und übergreifende Strategien gemeinsam erarbeitet werden, wenn auch unter Berücksichtigung der jeweiligen besonderen Situation, jedenfalls nicht auf der Grundlage von politischen Grenzen. Denn hierauf Antworten zu geben, ist eben nicht die Aufgabe eines einzelnen Landes, sondern es betrifft alle Alpenländer, wobei die Praktikabilität dafür spricht, grenzüberschreitende Lösungen auf niedrigerer Ebene als der staatlichen zu finden, also etwa in benachbarten, ähnlich gestalteten Regionen.

Ein weiterer Nachteil ist, dass die alpinen Bereiche in den Alpenländern für manche Staaten eher randlich liegen, differenziert natürlich nach ihrem Hochgebirgsanteil. Aber die Kernräume von Wirtschaft und Bevölkerung befinden sich immer außerhalb der Alpen. Dies führt dazu, dass das Hochgebirge bei der Raum- und Regionalplanung nie die erste Priorität bei Fördermaßnahmen gehabt hat. Dennoch ist im Rahmen der Europäischen Union inzwischen das Bestreben deutlich, gleiche Lebensbedingungen im ganzen Geltungsraum der EU zu schaffen. Dies vollumfänglich zu erreichen, ist zwar ein Ding der Unmöglichkeit, doch besonders benachteiligte Gebiete zu fördern, ist vernünftig. Hieraus entstand im Rahmen der europäischen Kohäsionspolitik das Bestreben, solche Gebiete durch besondere Fördermaßnahmen zu unterstützen, auch aus der Überlegung heraus, dass sie, da es sich zudem meist um Grenzgebiete handelt, durch grenzüberschreitende Programme einen Beitrag zu einem bessern Zusammenhalt der EU von ihren Grenzen aus bewirken könnten. Dieser psychologische Aspekt des besseren Verständnisses zwischen Nachbargebieten mit denselben Problemen, wenn auch teilweise unterschiedlicher Sprache, ist ein probates Mittel, dieses Ziel zu erreichen. Daher sind die Förderprogramme wie die „Europäischen Verbünde für territoriale Zusammenarbeit" (EVTZ) in den Alpen besonders sinnvoll.

Grenzüberschreitende Aktivitäten im Alpenraum

8

Bereits seit langem bestehen in den Alpen Kooperationen durch *grenzübergreifende Schutzgebiete*, wie der Nationalpark Hohe Tauern (Salzburg, Tirol), der „Dreiländernationalpark" Stilfserjoch, (Lombardei, Trentino und Südtirol, im Norden an den Schweizerischen Nationalpark im Engadin angrenzend), der Nationalpark Triglav und der Naturpark Julische Alpen, die „Ökoregion Julische Alpen" (Slowenien und Friaul, Italien), der Nationalpark Mercantour und der Naturpark Alpi Marittime (Region Provence-Alpes-Côte d'Azur, Frankreich und Piemont, Italien, inzwischen ein EVTZ) sowie der Nationalpark Gran Paradiso (Aosta und Piemont; Kooperationsabkommen mit dem französischen Nationalpark Vanoise in Savoyen).

Der erste EVTZ in den Alpen war die „Europaregion Tirol – Südtirol – Trentino". Allerdings war diese Gründung im Alpenraum kein völliges Neuland. Denn territoriale Kooperationen in größerem Maßstab weisen hier bereits eine längere Tradition auf. Sie haben seit Ende des Zweiten Weltkriegs, insbesondere im Laufe der letzten Jahrzehnte im Rahmen der Europäischen Union an Bedeutung gewonnen. Hierzu gehören u. a. die folgenden Programme bzw. Organisationen:

Die *„Internationale Alpenschutzkommission" / „Commission Internationale pour la Protection des Alpes" (CIPRA)* ist eine 1952 gegründete nichtstaatliche Dachorganisation mit über 100 Organisationen im gesamten Alpenraum. Die CIPRA möchte darauf hinwirken, der Alpenpolitik auf internationaler Ebene mehr Gewicht zu verleihen. Die Vermittlung von Informationen zum Alpenraum ist eine ihrer wichtigsten Aufgaben. Die CIPRA hat sieben nationale Vertretungen (in Deutschland, Frankreich, Italien, Liechtenstein, Österreich, der Schweiz und Slowenien) und eine regionale Vertretung in Südtirol. Die CIPRA hat ihre Wurzeln im Naturschutz und setzt sich für den Schutz und die nachhaltige Entwicklung der Alpen ein. Darüber hinaus legt sie einen Schwerpunkt u. a. auf soziale, wirtschaftliche und gesellschaftspolitische Themen wie Ressourcenmanagement, Energie und Mobilität. Sie betreut Projekte zu folgenden Schwerpunktthemen: Natur und Mensch, Soziale Innovation, Wirtschaft im Wandel und Alpenpolitik.[1]

Die *„Arbeitsgemeinschaft Alpenländer"* (ARGE ALP) wurde 1972 gegründet. Sie hat sich zum Ziel gesetzt, gemeinsame Anliegen und Problemstellungen auf ökologischem, kulturellem, sozialem und wirtschaftlichem Gebiet zu behandeln. Außerdem soll das gegenseitige Verständnis der Völker im Alpenraum und das Bewusstsein der kollektiven Verantwortung dem gemeinsamen alpinen Lebensraum gegenüber gestärkt werden. Der ARGE ALP gehören heute zehn Länder, Regionen und Kantone Österreichs, Deutschlands, Italiens und der Schweiz an. Sowohl Tirol als auch Südtirol und das Trentino sind Mitglieder der ARGE ALP. Diese Organisation leistete in der regionalen grenzüberschreitenden Zusammenarbeit Pionierarbeit, denn zuvor waren für solche Kooperationen ausschließlich die nationalen Regierungen zuständig. Der Sitz der Geschäftsstelle der ARGE ALP befindet sich in Innsbruck.[2]

Die „Alpenkonvention" ist ein völkerrechtlicher Vertrag über den Schutz und die nachhaltige Entwicklung der Alpen. 1989 bekräftigten die Alpenstaaten und die damalige Europäische Wirtschaftsgemeinschaft auf der ersten Alpenkonferenz (Oktober 1989) in Berchtesgaden („*Berchtesgadener Resolution*") den Willen zu einer gemeinsamen Rahmenkonvention für die Entwicklung des Alpenraums. Diese wurde 1991 durch die Umweltminister der Alpenländer unterzeichnet und inzwischen von allen Vertragsparteien ratifiziert. Darin verpflichten sie sich, sogenannte Durchführungsprotokolle zu erarbeiten, u. a. zu Naturschutz, Kulturlandschaftsschutz und Landschaftspflege, Berglandwirtschaft, Raumplanung und nachhaltiger Entwicklung, Tourismus, Energie und Verkehr. Die Alpenkonvention strebt eine ganzheitliche Politik zur Erhaltung und zum Schutz der Alpen an. Sie trat 1995 in Kraft.[3]

---

[1] Internationale Alpenschutzkommission / Commission Internationale pour la Protection des Alpes (CIPRA): https://www.cipra.org/de.

[2] Arbeitsgemeinschaft Alpenländer (ARGE ALP): https://www.argealp.org/de.

[3] Alpenkonvention: https://www.alpconv.org/de/startseite/. Alpenkonvention: https://www.alpconv.org/de/startseite/konvention/rahmenkonvention/: „Artikel 2 | Allgemeine Verpflichtungen 1. Die Vertragsparteien stellen unter Beachtung des Vorsorge-, des Verursacher- und des Kooperationsprinzips eine ganzheitliche Politik zur Erhaltung und zum Schutz der Alpen unter ausgewogener Berücksichtigung der Interessen aller Alpenstaaten, ihrer alpinen Regionen sowie der Europäischen Union unter umsichtiger und nachhaltiger Nutzung der Ressourcen sicher. Die grenzüberschreitende Zusammenarbeit für den Alpenraum wird verstärkt sowie räumlich und fachlich erweitert."

Fläche und Bevölkerung des Geltungsbereichs der Alpenkonvention, Anteile der Vertragsstaaten[a]

	Fläche	Bevölkerung
Alpenraum	190.700 km^2	14,9 Mio.
Österreich	28,7 %	23,3 %
Italien	27,3 %	30,6 %
Frankreich	21,4 %	18,8 %
Schweiz	13,2 %	13,6 %
Deutschland	5,8 %	10,4 %
Slowenien	3,5 %	2,7 %
Liechtenstein	0,08 %	0,3 %
Monaco	0,001 %	0,3 %

[a] Alpine Space: https://www.alpine-space.eu/about-us/our-european-and-macroregional-framework/

Der „Club Arc Alpin" (CAA) ist der Dachverband, den die acht führenden Bergsportverbände des Alpenbogens 1995 gegründet haben. Der CAA koordiniert und vertritt die gemeinsamen Interessen der Verbände auf dem Gebiet des Alpinismus, des Naturschutzes und der alpinen Raumordnung auf internationaler Ebene, insbesondere in den Gremien der Alpenkonvention und fördert den gegenseitigen Informationsaustausch. Schwerpunkte bilden die drei Fachkommissionen „Bergsport, Ausbildung und Sicherheit", „Naturschutz und alpine Raumordnung" sowie „Hütten und Wege". Der CAA vertritt rund 2,5 Mio. Bergsportler in Europa.

Das „Netzwerk alpiner Schutzgebiete" / „Alpine Network of Protected Areas" (ALPARC) ist ein Zusammenschluss der alpinen Schutzgebiete. Er wurde 1995 gegründet, um die Umsetzung der Alpenkonvention zu unterstützen, insbesondere des Protokolls „Naturschutz und Landschaftspflege". Die Aktivitäten von ALPARC umfassen ein großes Gebiet von den französischen bis zu den slowenischen Alpen mit hunderten Mitgliedern. Das Netzwerk ist in drei Themenfeldern tätig: Biodiversität und ökologischer Verbund, regionale Entwicklung und Lebensqualität sowie Bildung für nachhaltige Entwicklung in den Alpen.

Das „Gemeindenetzwerk Allianz in den Alpen" / „Community Network Alliance in the Alps" ist ein Zusammenschluss von Gemeinden und Regionen aus sieben Alpenstaaten, der 1997 gegründet wurde. Leitprinzip ist die nachhaltige Entwicklung des Alpenraumes und deren Umsetzung auf der Grundlage der Alpenkonvention und unter dem Motto „Austauschen – Ansprechen – Umsetzen".

Der „Verein Alpenstadt des Jahres e.V." ist ein 1997 gegründeter Zusammenschluss von Alpenstädten, die den Titel „Alpenstadt des Jahres" verliehen bekommen haben. Dieser Titel zeichnet eine Alpenstadt für ihr besonderes Engagement bei der Umsetzung der Alpenkonvention aus und wird von einer internationalen Jury vergeben. Die Initiative entstand aus der Motivation heraus, die Alpenstädte für ihre Bemühungen zugunsten von Modellen nachhaltiger Entwicklung zu fördern, um eine Harmonie zwischen der Erhaltung der einzigartigen Naturlandschaften der Alpen, der wirtschaftlichen Aktivitäten und dem städtischen Leben zu erreichen, da inzwischen rund zwei Drittel der Alpenbevölkerung in verstädterten Regionen lebt.

Das „*Internationale wissenschaftliche Komitee Alpenforschung*" / „*International Scientific Committee on Research in the Alps*" *(ISCAR)* wurde 1999 gegründet und fördert die internationale Zusammenarbeit und den wissenschaftlichen Austausch in der Alpenforschung, insbesondere auf der Basis der Inhalte der Alpenkonvention. Die Forschungsergebnisse sollen Entscheidungshilfen für die Politik geben.

Die Makroregion EUSALP 9

Die 2015 durch die „*EU-Alpenraumstrategie*" / „*EU Strategy for the Alpine Region*" *(EUSALP)* geschaffene „*Makroregion EUSALP*" umfasst die sieben Alpenländer Österreich, Frankreich, Deutschland, Slowenien, Italien, Schweiz und Liechtenstein, bzw. 48 Regionen der genannten Staaten (Abb. 9.1). Die EUSALP bildet den Rahmen für eine bessere grenzüberschreitende Zusammenarbeit sowie gemeinsame Zielsetzungen und Maßnahmen zwischen den Alpenländern. Die EUSALP entwickelt nachhaltige Lösungen für den Alpenraum, indem sie innovative Initiativen in den Bereichen Handel, Industrie und Energie, Infrastruktur, Verkehr und Umwelt- und Ressourcenschutz durch makroregionale Zusammenarbeit zwischen den Alpenstaaten und -regionen, aber auch mit nichtstaatlichen Akteuren umsetzt und stärkt. Die drei thematischen Pfeiler von EUSALP sind (1) wirtschaftliches Wachstum und Innovation, (2) Mobilität und Erreichbarkeit sowie (3) Umwelt und Energie. Neun Aktionsgruppen (AG) arbeiten an konkreten Umsetzungsmaßnahmen. Die neun Aktionsgruppen haben ihre Arbeit im Jahr 2016 aufgenommen. Diese Aktivitäten führen zu Empfehlungen an die Politik, und dabei an unterschiedliche politische Entscheidungsträger aller Staatsebenen.[1]

Nach eigener Darstellung geht es dabei darum, die „Alpenregion", die „eine der größten und wirtschaftlich wichtigsten Regionen Europas" sei, aufzuwerten. Dies soll vor allem vor dem Hintergrund verschiedener Herausforderungen, denen sich diese Region stellen müsse, geschehen. Die wirtschaftliche Globalisierung verlange es, die Wettbewerbsfähigkeit durch Innovationen zu stärken. Weitere Probleme seien die Überalterung der Bevölkerung und die Zunahme der Migration. Zudem müsse dem Klimawandel mit seinen unvorhersehbaren Auswirkungen auf Umwelt, Biodiversität und Lebensbedingungen der Bevölkerung begegnet werden. Schließlich seien die Schwierigkeiten der Energieversorgung sowie die spezifische verkehrliche Situation des Alpenraumes als eines Transitraumes zu lösen.

---

[1] EU-Alpenraumstrategie (EUSALP): https://alpine-region.eu/. EU-Alpenraumstrategie (EUSALP): https://www.alpine-space.eu/projects/luigi/en/home.

Abb. 9.1 Die Makroregion EUSALP. (Quelle: https://www.alpine-space.eu/about-us/cooperation-area/; mit freundlicher Genehmigung des Joint Secretariat Alpine Space; eingefügt: Geltungsbereich der Alpenkonvention)

Dies soll in Form einer „neuen Beziehung" zwischen Metropolen, Gebirgsvorland und Gebirge mit einem integrativen Ansatz unter Einbeziehung aller Beteiligten geschehen. Wirtschaftswachstum durch Innovation und Synergien, umweltfreundliche Mobilität und Nachhaltigkeit bei der Energiegewinnung sowie der Erhalt der natürlichen und kulturellen Ressourcen müssten die Grundpfeiler der Aktivitäten sein. Territoriale und soziale Disparitäten sollen im Rahmen der makroregionalen Strategie „zum Besten des Alpenraumes und Europas" abgebaut werden.

Das „*EU-Interreg Alpenraumprogramm*" / „*Interreg Alpine Space Programme*", das nicht völlig deckungsgleich mit dem EUSALP-Territorium ist, bietet die hierfür passenden Fördermöglichkeiten. Es ist ein übergeordnetes transnationales Kooperationsprogramm im Rahmen der EU-Kohäsionspolitik[2] und wurde im Jahr 2000 unter dem Namen „Interreg IIIB Alpine Space Programme" eingerichtet. Die gegenwärtige Laufzeit des Programms umfasst die Jahre 2021-2027. Es wird durch den „*Europäischen Fonds für Regionale Entwicklung*" *(EFRE) / „European Regional Development Fund" (ERDF)* und Beiträge der sieben Partnerländer

---

[2] Interreg Alpenraumprogramm / Interreg Alpine Space Programme: https://www.alpine-space.eu/about-us/our-european-and-macroregional-framework/. Interreg Alpenraumprogramm / Interreg Alpine Space Programme: https://www.alpine-space.eu/national-pages/germany-landingpage/uber-uns/. Interreg Alpenraumprogramm / Interreg Alpine Space Programme: https://www.alpconv.org/de/startseite/projekte/umsetzungsprojekte/detail/interreg-alpine-space-programme/.

(Frankreich, Italien, Schweiz, Liechtenstein, Deutschland, Österreich, Slowenien) finanziert. Hierdurch sollen Akteure aus verschiedenen Wirtschaftssektoren und unterschiedlichen politischen Ebenen aus den sieben Alpenländern zusammengebracht werden, um gemeinsame Lösungen für den Alpenraum zu entwickeln. Für den Zeitraum 2021-2027 gelten die folgenden Prioritäten: Förderung der Anpassung an den Klimawandel, Förderung der Energieeffizienz, Entwicklung von Forschungs- und Innovationskapazitäten für einen grünen Alpenraum und Förderung der Umsetzung gemeinsamer territorialer Strategien. Das „Interreg Alpine Space Programme" finanziert grenzüberschreitende Kooperationsprojekte der sieben beteiligten Länder und „dient damit der Verbesserung der Lebensqualität der 80 Mio. Bewohner der Alpenregion". Die Förderung setzt voraus, dass die folgenden Prioritäten berücksichtigt werden[3]:

Priorität 1: Klimaresilienter und grüner Alpenraum
Priorität 2: Kohlenstoffneutraler und ressourcenschonender Alpenraum
Schwerpunkt 3: Innovation und Digitalisierung unterstützen einen grünen Alpenraum
Schwerpunkt 4: Kooperativ verwalteter und entwickelter Alpenraum

In der Tat hat EUSALP die Probleme richtig erkannt. Die Ziele sind jedoch so allgemein gehalten, dass einerseits jeder zustimmen kann, dass aber andererseits nur ein sehr weitgesteckter Rahmen vorgegeben wird. Konkrete Projekte höchst verschiedener Provenienz können damit innerhalb dieses Rahmens stattfinden, solange sie den allgemeinen Vorgaben entsprechen. Diese Formulierung ist so weit gefasst, dass sie Spielraum für alle sinnvollen Anträge bietet. Andererseits können Projekte wie bei allen Makroregionen sicherlich auch bei der EUSALP nicht für die gesamte Makroregion aufgelegt werden. Vielmehr können vernünftige grenzüberschreitende Maßnahmen nur auf einer kleinräumigen Basis unter Berücksichtigung der jeweiligen speziellen regionalen und lokalen Bedingungen durchgeführt werden.

Hinsichtlich der Funktionsweise und der Absichten der Makroregion EUSALP sind einige Probleme nicht zu verkennen. Zum einen ist das Gebiet wesentlich größer als die Alpen, wie sie beispielsweise durch den Geltungsbereich der Alpenkonvention definiert werden. Zu EUSALP gehören weite Gebiete, die mit den Alpen absolut nichts zu tun haben, so ganz Baden-Württemberg, weite Teile Bayerns, große Bereiche im südöstlichen Frankreich und die Poebene in Italien. Das heißt, dass EUSALP sich nicht allein und nicht konkret auf die Alpen bezieht, sondern große Teile der angrenzenden Vorländer umfasst, wobei die Abgrenzung der Makroregion sich nach den jeweiligen politischen Grenzen richtet. Dass die Alpen selbst nicht im Zentrum stehen, wird daran ersichtlich, dass die Bevölkerungszahl von „88 Mio. im EUSALP-Gebiet bzw. 80 Mio." im Bereich des Alpine Space Programms in krassem Gegensatz zu den lediglich „15 Mio. Alpenbewohnern" steht.

---

[3] Interreg Alpenraumprogramm / Interreg Alpine Space Programme: https://www.alpine-space.eu/about-us/what-is-the-interreg-alpine-space-programme/.

Bätzing hat schon vor der Einrichtung der EUSALP auf die darin enthaltene Problematik hingewiesen: Für die Alpen liegt das zentrale Interesse darin, diesen Raum langfristig als gleichwertigen Lebens- und Wirtschaftsraum in Europa zu erhalten, was eine multifunktionale Nutzung und ein umweltverträgliches Leben und Wirtschaften beinhaltet. Natürlich haben die Alpen seit jeher Verbindungen mit ihren Vorländern. Es kann daher nicht um eine „Abschottung" der Alpen gehen, sondern die „Verflechtungen müssen so gestaltet werden, dass sie die eigenständige Regionalentwicklung nicht stören oder konkurrieren, sondern im Gegenteil bereichern und aufwerten. Und dies ist nur möglich, wenn sich Alpen und außeralpine Metropolen 'auf Augenhöhe', auf gleichberechtigte Weise gegenüber stehen und wenn die Alpen nicht von den Metropolen dominiert werden."[4]

Wenn die Alpen Teil einer großen Makroregion sind, die das Umland mit seinen großen Metropolen einschließt, könnte die Gefahr bestehen, dass die Alpen gegenüber den umliegenden Metropolen benachteiligt werden, denn das wirtschaftliche Kerngebiet der Makroregion liegt außerhalb der Alpen im Bereich der außeralpinen großen Metropolen mit ihrer hohen Bevölkerungszahl und ihrer Wirtschaftskraft. So ist die Befürchtung nicht weit hergeholt, dass die Makroregion und die damit verbundenen EU-Fördermittel in erster Linie dem außeralpinen Bereich der EUSALP zugutekommen könnten. Die Alpen befinden sich bei der EUSALP-Strategie an der Peripherie, sowohl lagemäßig als auch hinsichtlich der aktuell wichtigen Themen. Damit bestünde die Gefahr, dass sie zu einem bloßen Ergänzungsraum „für andere (monofunktionale) Aufgaben, für die im Kernraum der Metropolen kein Platz mehr ist, nämlich für Wohnen in attraktiver Landschaft, für Naherholung/Freizeit/Sport der städtischen Bevölkerung und für ökologische Ausgleichsflächen (als Ausgleich der städtischen Umweltzerstörungen)" würden. Dann wären die Alpen kein gleichwertiger Lebens- und Wirtschaftsraum mehr. Das muss vermieden werden, und es ist zu hoffen, dass sich solche Befürchtungen, die zum Nachteil der Alpen gereichen würden, nicht bewahrheiten werden.

---

[4] Bätzing (2014), S. 28: Eine makroregionale EU-Stragie für den Alpenraum. Eine Chance für die Alpen? In: Jahbuch des Vereins zum Schutz der Bergwelt (München) 79, S. 28.

Die „Europäischen Verbünde für territoriale Zusammenarbeit" (EVTZ) in den Alpen

10

Alle die genannten Organisationen, Institutionen und Strategien haben sich der Nachhaltigkeit verpflichtet. Sie sind damit für die großen Visionen und die Formulierung der Rahmenbedingungen zuständig, innerhalb derer die Entwicklung der Alpen stattfinden soll. Es ist jedoch klar, dass mit der allgemeinen Akzeptanz des Prinzips der Nachhaltigkeit allein keine konkreten Ergebnisse erzielt werden können. Dafür bedarf es über die theoretische Forderung, dass die Entwicklung der Alpen „nachhaltig" geschehen müsse, konkreter Umsetzungsmaßnahmen, durch welche der theoretische Rahmen der „Nachhaltigkeit" in der Praxis mit Leben erfüllt wird. Diese können natürlich normalerweise nicht den gesamten Geltungsbereich der jeweiligen genannten Institutionen einbeziehen. Sondern die einzelnen Projekte sind einerseits auf bestimmte konkrete Themen fokussiert und werden andererseits kleinräumig auf regional oder lokal begrenzter Ebene durchgeführt. Darum bemühen sich alle grenzüberschreitenden Aktivitäten, wobei es nachzuvollziehen ist, dass sich die praktische Arbeit wesentlich schwieriger und komplizierter gestaltet als die generelle Zustimmung zu dem – wenn auch sinnvollen und richtigen – Schlagwort „Nachhaltigkeit". Wie effizient die jeweiligen praktischen Ansätze tatsächlich sind, kann in unserem Rahmen nicht für alle untersucht werden, es geschieht aber an einem speziellen Beispiel, den „Europäischen Verbünden für territoriale Zusammenarbeit" (EVTZ) in den Alpen.

Auch diese haben sich verpflichtet, als übergeordnetes Thema dem Leitgedanken der Nachhaltigkeit zu folgen. Je nach den beteiligten Ländern und den jeweils drängendsten Problemen haben sie jedoch unterschiedliche Schwerpunkte, die sie durch nachbarschaftliche Kooperation besser zu lösen meinen, als wenn sie als einzelne Region diese Themen angehen würden. Naturgemäß sind auch die Arbeitsgebiete weder hinsichtlich ihrer Ausdehnung noch in Bezug auf andere Kriterien, wie der Bevölkerungszahl und -dichte oder der wirtschaftlichen Stärke gleich gelagert. Zudem beziehen sich einige EVTZ nicht speziell nur auf die Alpen, sondern haben weiter ausgedehnte Geltungsbereiche. Im Folgenden werden die einzelnen EVTZ in den Alpen vorgestellt: „Europa Senza Confini", „Interregional Alliance for the

Rhine-Alpine Corridor", "Geopark Karawanken", "Alpine Pearls – eco-friendly escapes", "Wissenschaftsverbund Vierländerregion Bodensee" und schließlich "Europaregion Tirol – Südtirol – Trentino".[1] Bei der Gründung der meisten dieser EVTZ traten im Grunde trotz teilweise langwieriger Vorbereitungen nie grundsätzliche Probleme auf, die die Etablierung verlangsamt oder sogar verhindert hätten. Dies gestaltete sich bei der Gründung des EVTZ "Europaregion Tirol – Südtirol – Trentino" etwas komplizierter. Die spezielle Geschichte dieser Region und die besonderen Probleme, die zwischen den drei Partnern und den beteiligten Staaten Österreich und Italien überwunden werden mussten, bedurften viel Vorbereitung und Überzeugungsarbeit, bis die Gründung dieses EVTZ schließlich realisiert werden konnte. Daher befasst sich die vorliegende Studie ausführlicher mit diesem EVTZ.

10.1 Überwindung von Grenzhindernissen und Aufwertung von Grenzregionen als Beitrag zur europäischen Integration: "EVTZ Euregio Ohne Grenzen" / "GECT Euregio Senza Confini"

Der "EVTZ Euregio Ohne Grenzen" / "GECT Euregio Senza Confini" (Gruppo europeo di cooperazione territoriale) wurde am 21. Dezember 2012 ins Leben gerufen und ist der 33. EVTZ (Abb. 10.1). Er besteht aus zwei Mitgliedern aus Italien, der Autonomen Region Friaul-Julisch Venetien und der Region Venetien, sowie dem österreichischen Bundesland Kärnten.[2] Er soll ein gemeinsames Verwaltungsinstrument für die Gesamtheit der drei Regionen sein, von deren Gesamtfläche die Alpen nur einen Teil darstellen. Er hat sich die Aufgabe gestellt, die grenzüberschreitende, transnationale und interregionale Zusammenarbeit zwischen den drei Mitgliedern zu fördern. Gemeinsame Projekte für die Entwicklung der jeweiligen Gebiete und die betroffenen Grenzbevölkerungen sollen umgesetzt werden. Dadurch sollen der wirtschaftliche und soziale Zusammenhalt und die wirtschaftlichen, sozialen und kulturellen Bindungen gestärkt und ein Beitrag zur Entwicklung ihrer jeweiligen Gebiete geleistet

Abb. 10.1 Logo des "GECT Euregio Senza Confini" / "EVTZ Euregio Ohne Grenzen". (Mit freundlicher Genehmigung des "GECT Euregio Senza Confini" / "EVTZ Euregio Ohne Grenzen")

---

[1] Manche dieser EVTZ sind zu einem Teil nicht auf den alpinen Raum beschränkt, sondern haben weiter ausgedehnte Arbeitsgebiete.
[2] Euregio Senza Confini: https://euregio-senzaconfini.eu/de.

werden. Das gemeinsame Ziel des „EVTZ Euregio Ohne Grenzen" ist es nach eigener Aussage, „gemeinsam das Wohlergehen der Bevölkerung zu gewährleisten und die Entwicklung des grenzüberschreitenden Gebiets der drei Regionen zu fördern."[3]

Der EVTZ betont, dass Grenzregionen wie diese Gebiete sind, an denen der Prozess der europäischen Integration als besonders positiv wahrgenommen werden sollte. Das heißt, dass die Nachbarschaft und die seit langem zumindest informell bestehenden grenzüberschreitenden Beziehungen mit angrenzenden Staaten und ihrer Kultur es eigentlich ermöglichen müssten, alle Alltagsaktivitäten (Studium, Arbeit, Ausbildung, Hilfsleistungen oder Geschäftstätigkeit) unabhängig von der Existenz nationaler Grenzen durchzuführen. Die Wirklichkeit ebenso wie die von der Europäischen Kommission erhobenen Daten belegen jedoch, dass Grenzregionen aus wirtschaftlicher Sicht im Allgemeinen weniger positive Ergebnisse erzielen als andere Regionen, die sich in zentraleren Gebieten ihrer Mitgliedstaaten befinden. Der „EVTZ Euregio Ohne Grenzen" möchte diesem Defizit abhelfen und eine tragende Rolle bei der Umsetzung der Maßnahmen übernehmen, die zu einem größeren wirtschaftlichen und sozialen Zusammenhalt dieser Grenzgebiete beitragen können. Der EVTZ ist außerdem Teil von drei Makroregionen:

- naheliegenderweise der Alpinen Makroregion (EUSALP) sowie der
- Adriatisch-ionischen Makroregion (EUSAIR) und der
- Makroregion für die Donau (EUSDR).

Für die Mitglieder besteht über die Kooperation im EVTZ hinaus die Möglichkeit, sich zu vernetzen und die Zusammenarbeit mit anderen existierenden Informationsplattformen wie der Arbeitsgemeinschaft Europäischer Grenzregionen (AGEG) oder der grenzübergreifenden operativen Mission (MOT) zu verstärken, und so auch die Möglichkeit zu haben, in europäischen Foren die Bedürfnisse der grenzübergreifenden Gemeinschaft zu präsentieren. Verschiedene weitere Kooperationen mit anderen Organisationen, Institutionen und Projekten bestehen über die Beziehungen innerhalb des EVTZ hinaus: So ist die kroatische Region Istrien als Beobachtermitglied aufgenommen worden. Die grenzüberschreitende Leader-Kooperation „HEurOpen" – LAG Region Hermagor/LAG Open Leader/LAG Euroleader und Interreg Community-led local development CLLD Dolomiti Live sind weitere Partner. An zahlreichen Programmen oder Projekten zur territorialen Zusammenarbeit, die von der Europäischen Union über den „Europäischen Fonds für regionale Entwicklung" (EFRE) kofinanziert werden, ist der EVTZ als Lead Partner, Partner oder Associated Partner beteiligt.

Angesichts der europäischen Programmplanung 2021-2027 gilt in der gesamten EU die Überwindung und Beseitigung der sogenannten „cross border obstacles", das heißt die Überwindung von Hindernissen unterschiedlicher Art (rechtlich,

---

[3] Spezielle Themen sind u. a.: Energieversorgung, Umweltressourcen und Abfallmanagement; Transport, Infrastruktur und Logistik; Kultur und Erziehung; Gesundheitswesen; Zivilschutz; Wissenschaft und Forschung, Innovation und Technologie; Landwirtschaft; Tourismus; Produktionstätigkeit; Kommunikation; Arbeit und Ausbildung; Handel.

steuerlich usw.), als eine der größten Herausforderungen. Hier fühlt sich der EVTZ besonders angesprochen. Grenzregionen könnten hierbei exemplarisch zu Beispielen für den Ausbau der europäischen Integration werden. Die Förderung von Maßnahmen, sowohl praktischer als auch gesetzgeberischer Natur, sieht man daher im EVTZ als außerordentlich wichtig an, um günstige Bedingungen für das Wirtschaftswachstum dieser Grenzregionen zu schaffen. Der „EVTZ Euregio Ohne Grenzen" könnte daher, wie man hofft, in Zukunft das Instrument zur Beseitigung zahlreicher alltäglicher Hindernisse für die Bürgerinnen und Bürger in den Grenzgebieten darstellen, indem er zum Beispiel an der Verbesserung der integrierten Gesundheitssysteme der drei Regionen Friaul-Julisch Venetien, Venetien und Kärnten, an der Vorbeugung und Eindämmung des Risikos von Naturkatastrophen in den Grenzgebieten, an den Bildungs- und Ausbildungssystemen für Jugendliche und an den Bedürfnissen der Arbeitnehmer und Unternehmen arbeitet. Mit einer ganzen Reihe von Projekten hat der Verbund versucht, diesem Ziel näherkommen. Die jetzt laufende Förderperiode geht in dieselbe Richtung[4]:

- Förderperiode 2021-2027
  - EU-MOVE: ÖPNV Ohne Grenzen
  - FIT4CO CBO
- Förderperiode 2014-2020
  - SCET NET
  - EMOTIONWay
  - ADRIPASS
  - CROSSMOBY
  - SMARTLOGI
  - FIT4CO

Das Projekt „*EU-MOVE: ÖPNV ohne Grenzen!*" zielt darauf ab, die wichtigsten grenzüberschreitenden Mobilitätshindernisse zu beseitigen und ein System der gemeinsamen Planung und Programmierung des öffentlichen Personennahverkehrs (ÖPNV) im grenzüberschreitenden Gebiet zu implementieren und durch eine strukturierte Zusammenarbeit zwischen den Betreibern der beteiligten Regionen zu aktivieren (Abb. 10.2). Nach Analyse der grenzüberschreitenden Verkehrsströme werden dazu „Thementische" eingerichtet, die die Gelegenheit zum Dialog und zum ständigen Austausch zwischen Entscheidungsträgern und Betreibern für eine gemeinsame Planung und Verwaltung des ÖPNV darstellen. Dies soll ein Vorläufer für die gemeinsame Planung des ÖPNV sein, um grenzüberschreitende Hindernisse zu beseitigen.

Als wichtiges Projekt zur institutionellen Stärkung des Verbundes im überregionalen Rahmen sieht der EVTZ das Projekt „*Fit for Cooperation – Cross Border Obstacles*" (*FIT4CO CBO*) an. FIT4CO CBO ist ein gemeinsames Projekt des EVTZ „Euroregion Tirol – Südtirol – Trentino" (Lead Partner) und des „EVTZ

---

[4] Euregio Senza Confini: https://euregio-senzaconfini.eu/de/attivita/programmazione-2021-2027/eu-move-tpl-senza-confini/.

Abb. 10.2 „Veröffentlichung der Rangliste für die Vergabe der Studie zur Analyse der grenzüberschreitenden Mobilitätsströme und der technischen Unterstützung für das Projekt EU-MOVE: ÖPNV ohne Grenzen! Avviso pubblico di selezione comparativa finalizzato al conferimento di nr. 1 incarico di studio per l'analisi dei flussi di mobilità transfrontaliera – Progetto EU-MOVE, 21.2.2024". (Mit freundlicher Genehmigung des „GECT Euregio Senza Confini" / „EVTZ Euregio Ohne Grenzen")

Euregio Ohne Grenzen", das auf die Beseitigung von grenzüberschreitenden Hindernissen im Interreg-Kooperationsraum Italien-Österreich abzielt und die Zusammenarbeit zwischen den Verwaltungen stärken soll. Das Fit4CO CBO-Projekt setzt das vorangegangene FIT4CO-Projekt fort und erweitert dessen Ansatz durch die Umsetzung von Pilotaktionen auf dem Gebiet der beiden EVTZ. Die Zielgruppen sind öffentliche Verwaltungen, Sozialpartner und öffentlich kontrollierte Unternehmen im Gebiet des EVTZ „Euroregion Tirol – Südtirol – Trentino" und des „EVTZ Euregio Ohne Grenzen". Das Projekt zielt darauf ab, diese Akteure für die grenzüberschreitende Zusammenarbeit zu sensibilisieren, indem es die Planung neuer Projekte kontinuierlich und gezielt unterstützt, insbesondere im Hinblick auf die Beseitigung von grenzüberschreitenden Hindernissen, die die Zusammenarbeit im Gebiet der beiden EVTZ einschränken.

Das Projekt *„Senza Confini Education and Training Network"* (SCET-NET) konzentriert sich auf die Prüfung eines grenzüberschreitenden Austauschprogramms für Schüler*innen ab 16 Jahren in ausgewählten Sektoren.

Das Projekt *„EMOTIONWay"* hat als Hauptziel die Erhaltung, den Schutz, die Förderung und die Entwicklung des Natur- und Kulturerbes durch die Schaffung eines grenzüberschreitenden Netzes von Radwegen und Wanderwegen.

„ADRIPASS" wird das Problem des Mangels an Seeverbindungen mit dem Hinterland durch die Analyse der Engpässe in den transeuropäischen Verkehrsnetzen für die Korridorabschnitte der ADRION-Region angehen.

Das Projekt „*CROSSMOBY*" befasst sich mit der Herausforderung, die nachhaltige Mobilität zu verbessern und grenzüberschreitende öffentliche Verkehrsverbindungen bereitzustellen.

Das Projekt „*Grenzüberschreitende nachhaltige und intelligente Logistik*" *(SMARTLOGI)* zielt darauf ab, die operative und institutionelle Zusammenarbeit im Bereich der Nachhaltigkeit sowie des intermodalen Güterverkehrs zu verbessern.

Grenzhindernisse verursachen in der Tat Probleme, die die Zusammenarbeit behindern. Der „EVTZ Euregio Ohne Grenzen" hat diese definiert und in verschiedenen Bereichen Aktivitäten unternommen, diese Schwierigkeiten auszuräumen. Die hierbei getroffenen Maßnahmen sind praxisorientiert und stellen sinnvolle Beispiele für eine erfolgreiche grenzüberschreitende Zusammenarbeit dar.

10.2 Natur- und Kulturschutz als Voraussetzung für nachhaltigen Tourismus: „Groupement européen de coopération territoriale (GECT): Parc européen Alpi Marittime Mercantour / Gruppo europeo di cooperazione territoriale (GECT): Parco europeo Alpi Marittime Mercantour"

Der heutige grenzüberschreitende EVTZ/GECT „Parc européen Alpi Maritime Mercantour" / „Parco europeo Alpi Marittime Mercantour"[5] geht ursprünglich auf ein Jagdrevier zurück, das der spätere König von Italien Viktor Emmanuel II. von Piemont-Sardinien um die Mitte des 19. Jahrhunderts anlegen ließ, und das zum Kernbereich der späteren Parks „Alpi Marittime" und „Mercantour" werden sollte. Bis es zur Gründung der Parks kommen konnte, bedurfte es noch der genauen Festlegung der Grenze zwischen Frankreich und Italien: 1860-1861 trat Victor Emmanuel II. Savoyen (und Nizza) an Frankreich ab; nach dem Zweiten Weltkrieg erfolgten noch kleinere Grenzkorrekturen. Schließlich wurde im Jahre 1979 der „Nationalpark Mercantour" in Frankreich und im Jahre 1980 der „Naturpark Argentera" in Italien gegründet.

Seitdem wurden Aktivitäten im Naturschutz, die bereits vordem eingesetzt hatten, intensiviert: Schon im 19. Jahrhundert war die Wiederansiedlung des Steinbocks durch Exemplare aus dem Bereich des Gran Paradiso erfolgt (Abb. 10.3). Die Population vergrößerte sich bis gegen Ende des 20. Jahrhunderts stark und dehnte sich vom „Naturpark Argentera" in den französischen „Nationalpark Mercantour" aus. Hieraus entstand ein grenzübergreifendes Forschungsprojekt über die Steinbockpopulation. Dies war der Beginn der Zusammenarbeit zwischen den beiden Parks, die 1987 durch einen Partnerschaftsvertrag besiegelt wurde. Das Ziel war, ein Schutzgebiet ohne Grenzen zu schaffen, einen „europäischen Park". 1995 entstand aus der Vereinigung des „Naturparks Argentera" und der „Riserva del Bosco e dei

---

[5] GECT Alpi-Marittime-Mercantour: https://fr.marittimemercantour.eu/gect. https://fr.marittimemercantour.eu/gect/trente-ans-de-collaboration.

10.2 Natur- und Kulturschutz als Voraussetzung für nachhaltigen Tourismus:...

Abb. 10.3 Massiv des Monte Gelas. (Foto: Augusto Rivelli Arch. APAM.JPG; mit freundlicher Genehmigung des GECT „Parc européen Alpi Marittime Mercantour / Parco europeo Alpi Marittime Mercantour")

Laghi di Palanfré" der heutige „Parco naturale delle Alpi Marittime". 1998 wurde dann der Partnerschaftsvertrag zwischen diesem und dem „Nationalpark Mercantour" geschlossen. Beide Parks traten in der Folge der Europäischen Charta für nachhaltigen Tourismus bei und engagierten sich in gemeinsamen Projekten zum biologischen Inventar der Region sowie mehreren weiteren Projekten. 2013 wurde schließlich der GECT[6] „Parc européen Alpi Marittime Mercantour / Parco europeo Alpi Marittime Mercantour" als 37. EVTZ gegründet. Der Sitz des EVTZ befindet sich in Tende (Département Alpes-Maritimes in der Region Provence-Alpes-Côte d'Azur, Frankreich) (Abb. 10.4 und 10.5).

Bereits in der Gründungsurkunde werden die Hauptziele formuliert, die durch einen gemeinsamen Aktionsplan für jeweils fünf Jahre unterstrichen werden, nämlich Schutz und Aufwertung der Natur- und Kulturlandschaft, Umweltpädagogik- und Umweltbildung, sanfte Mobilität, Schutz der Biodiversität, nachhaltige Landwirtschaft und nachhaltiger Tourismus.

---

[6] „Groupement Européen de Coopération Territoriale" (GECT) / „Gruppo Europeo di Cooperazione Territoriale" (GECT).

Abb. 10.4 Logo des GECT „Parc européen Alpi Marittime Mercantour / Parco europeo Alpi Marittime Mercantour". (Mit freundlicher Genehmigung des GECT)

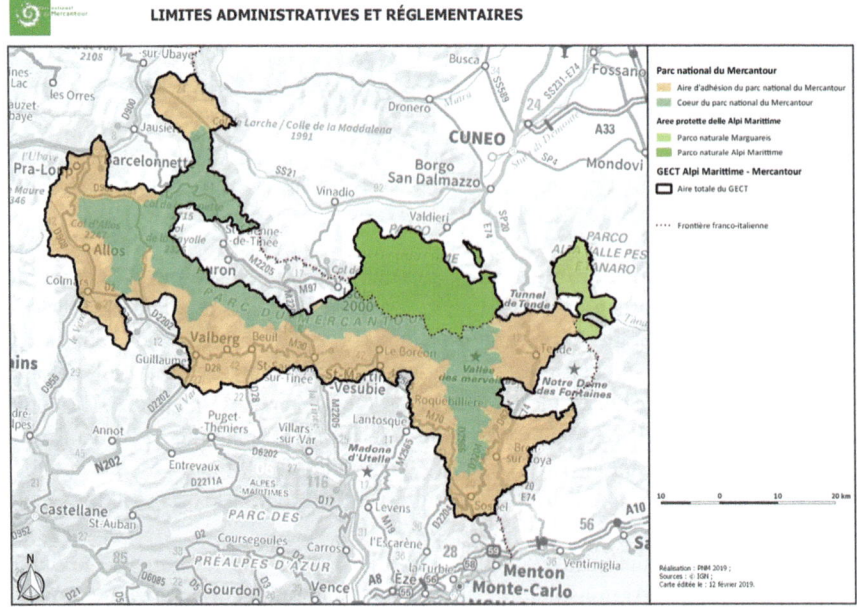

Abb. 10.5 Grenzen des GECT „Parc européen Alpi Marittime Mercantour / Parco europeo Alpi Marittime Mercantour". (Mit freundlicher Genehmigung des GECT)

> **Article 4 – Objet, missions**
> Le Groupement a pour objet de faciliter, de promouvoir et d'animer la coopération transfrontalière entre ses membres sur le territoire défini à l'article 3.
>
> À ce titre, il conduit des projets dans le champ de compétences de ses membres et en particulier les lois constitutives du Parco naturale Alpi Marittime et du Parc national du Mercantour. Le GECT traite spécifiquement de la gestion de projets dans les domaines suivants: suivi scientifique et protection de la biodiversité, restauration et valorisation des paysages naturels et culturels, sensibilisation, éducation à l'environnement, mobilité douce, agriculture et tourisme durable.
>
> Ces actions consolident l'identité transfrontalière du territoire concerné.

Nach dem 2022 gebilligten Kooperationsprogramm für 2021-2027 soll die Wirtschaftskraft der Grenzregion gestärkt werden, um die bestehenden regionalen Disparitäten auszugleichen.[7] Nachhaltigkeit und Schutz der Biodiversität ist dabei oberstes Gebot (Abb. 10.6). Forschung, Innovation und Digitalisierung sollen

Abb. 10.6 Colle transfrontaliero di Fremamorte. (Foto: Laura Martinelli Arch. Apam.jpg; mit freundlicher Genehmigung des GECT „Parc européen Alpi Marittime Mercantour / Parco europeo Alpi Marittime Mercantour")

---

[7] Programme de Coopération Territoriale Transfrontalière; Interreg VI – a France-Italia Alcotra 2021-2027. Version approuvée par la Commission européenne le 29 juin 2022.

außerdem gefördert werden. Zum Ziel eines „territoire plus vert" soll die Effizienzsteigerung der Energieversorgung und ein verstärkter Ausbau der erneuerbaren Energien beitragen. Außerdem sollen die Folgen des Klimawandels auch im Hinblick auf Risikoabwägung erforscht werden. Sanfte Mobilität soll zudem ihren Anteil zur Nachhaltigkeit beitragen. Hinsichtlich der demographischen Entwicklung sollen besonders für die Jugend Anreize zum Verbleiben bzw. zur Zuwanderung geschaffen werden, vor allem, da die französischen und italienischen Alpen seit langem ein Abwanderungsgebiet sind. Im Einzelnen werden die folgenden Themen und Maßnahmen als wesentlich angesehen:

Umweltschutz und Umweltentwicklung
Das systematische Management der Naturlandschaft und ihrer unterschiedlichen Teilräume innerhalb des EVTZ auf der Grundlage wissenschaftlicher Untersuchungen ist die Basis aller weiteren Maßnahmen und Projekte. Weiterhin gilt die Aufmerksamkeit den Folgewirkungen des Klimawandels für die gefährdete Hochgebirgslandschaft. Die Regionalplanung muss ebenso wie die Wirtschaftssektoren mit diesen Bedürfnissen in Einklang gebracht werden. Das Monitoring im EVTZ muss hierzu vereinheitlicht werden.

Verbesserung der Kenntnis und des Managements des Naturerbes
Hinsichtlich des Naturerbes (Patrimoine Naturel) liegt der Schwerpunkt auf dem Schutz der Tierwelt, die bereits den Anfang der Zusammenarbeit gebildet hatte. Hierzu soll ein biologisches Inventar entwickelt werden. Besonders gefährdete Arten wie Steinbock, Wolf, Steinadler, Hühnervögel (Birkhuhn) und Wildbienen sollen ständig wissenschaftlich überwacht werden. Ein weiteres Ziel ist die Wiederansiedlung des Bartgeiers. Ebenso soll die Pflanzenwelt in einem Inventar erfasst und die Biodiversität gesichert werden.

Sicherung und Aufwertung des kulturlandschaftlichen Erbes
Hinsichtlich des kulturlandschaftlichen Inventars sollen die Gemeinsamkeiten auf beiden Seiten der Grenze unterstrichen werden. Grenzübergreifende Forschungen sollen hierzu weitere Informationen bringen. Zudem hofft man, durch den Beitritt zum von der EU mitfinanzierten Tramontana-Netzwerk, das die Kulturlandschaft in ländlichen und Berggebieten durch Dokumentation, Veröffentlichungen, Kartengrundlagen und audiovisuelle Medien erlebbar macht, Anregungen zu erhalten.[8]

---

[8] „Tramontana Network III is an in-depth study of the intangible heritage of rural and mountain communities in Europe which aims to safeguard and revitalise this heritage through its documentation and wider dissemination. The research study is the result of a partnership between eight main partners coming from five different countries: France, Italy, Poland, Portugal and Spain, with more than 50 associated entities. The project benefited from the support of the Creative Europe programme of the European Union, which funded 60 % of the project, the remaining part being covered by the partners." Tramontana: https://www.europeanheritageawards.eu/winners/tramontana-network-iii-france-italy-poland-portugal-spain/.

Sensibilisierung von Bewohnern und Akteuren für den Wert des Natur- und Kulturerbes

Landschaftsinterpretation und Umweltbildung wird als eine der wichtigsten Grundlagen zur Erhaltung der Schutzgebiete gesehen. Durch Vermittlung des Wertes der Landschaft sowohl bei den Bewohnern als auch bei den involvierten Akteuren und den Besuchern soll das Verständnis für den Wert von Natur- und Kulturlandschaft gesteigert werden. Interaktive Medien sollen hierzu entwickelt werden.

Nachhaltiger Tourismus

Das Prinzip der Nachhaltigkeit wird ohne Einschränkung auch auf den Tourismus bezogen. Natur- und Kulturland sind das Kapital der Region, das unbedingt bewahrt werden muss. Daher muss der Tourismus auf Nachhaltigkeit ausgerichtet werden. Besucherlenkung und Besucherzählung sind hierfür notwendige Maßnahmen, um einen Übertourismus zu vermeiden. Zwei Verbände für Ökotourismus sollen zudem in dieser Richtung wirken. Die Europäische Charta für nachhaltigen Tourismus, der der EVTZ beigetreten ist, gibt dabei für die Tourismusentwicklung den Leitfaden vor.

Informationen für Bewohner und Besucher

Die Informationen für Touristen müssen verbessert werden, die Kommunikation zwischen den für den EVTZ zuständigen Personen und den touristischen Akteuren muss intensiviert werden. Wander- und Fahrradrouten werden systematisch grenzüberschreitend ausgewiesen, die Beschilderung erfolgt zweisprachig, Französisch und Italienisch, und ein Internetportal zur Information über Wandermöglichkeiten ist vorgesehen. Zudem sollen gemeinsame grenzüberschreitende Events als Aktionen für das noch engere Zusammenwachsen der Region organisiert werden. Gemeinsames Monitoring vor allem hinsichtlich der sensiblen Schutzgebiete wird außerdem für erforderlich gehalten. Hierzu muss die Zusammenarbeit zwischen den Beteiligten koordiniert werden. Insbesondere soll eine gemeinsame Polizei-Arbeitsgruppe geschaffen werden.

Kommunikation

Um die grenzüberschreitende Dimension „leben" zu können, bedarf es der Kommunikationswege und -mittel, die gemeinsam erarbeitet werden und zweisprachig sind. Eine gemeinsame Präsentation des Territoriums und der wichtigsten Sehenswürdigkeiten und Events für Bewohner und Besucher müssen erarbeitet werden. Dazu ist eine stete Zusammenarbeit der Zuständigen auf beiden Seiten der Grenze erforderlich. Ein einheitlicher Webauftritt ist dazu eine weitere Voraussetzung.

Die grenzüberschreitende Zusammenarbeit in der EGTC zur Erreichung dieser Ziele wird insbesondere im Rahmen des EU-Programms Interreg ALCOTRA gefördert.[9] Das Programm *„Alpes Latines COopération TRAnsfrontalière" (ALCOTRA)* ist ein europäisches Kooperationsprogramm, das sich auf die französischen und italienischen Alpen bezieht. Es erstreckt sich entlang der 476 km langen Landesgrenze und umfasst neun NUTS-3-Regionen: drei italienische Provinzen – Torino, Cuneo (Region Piemont), Imperia (Region Ligurien) – und die autonome Region Valle d'Aosta sowie fünf französische Départments – Haute-Savoie, Savoie (Region Auvergne-Rhône-Alpes), Hautes-Alpes, Alpes de Haute-Provence und Alpes-Maritimes (Region Provence-Alpes-Côte d'Azur). Es handelt sich damit mit um den gesamten südwestlichen Teil der alpinen Makroregion vom Mittelmeer bis zum Hochgebirge (ungefähr 46.000 km^2). ALCOTRA bezieht sich also auf den Gesamtraum der französisch-italienischen Alpen, von denen der EVTZ natürlich nur einen Teil darstellt. ALCOTRA enthält verschiedene Unterprogramme: *ALPIMED* (seit September 2024 *ALPIMED+*) ist ein französisch-italienisches grenzüberschreitendes Projekt, das sich auf die südlichen Alpen bezieht, die italienischen Provinzen Imperia, Cuneo und das französische Département Alpes-Maritimes.

Damit soll die Kooperation aller Beteiligten (Gemeinden, Unternehmen, Bürger) durch gemeinsame Begegnungen und Sitzungen vertieft und so ein gemeinsames Verantwortungsbewusstsein für die Zukunft dieser Grenzregion geschaffen werden. Besonders vor dem Hintergrund der Herausforderungen durch den Klimawandel und seinen Auswirkungen auf die alpine Landschaft muss der Schutz der Biodiversität durch gemeinsame Anstrengungen gewährleistet und eine nachhaltige wirtschaftliche Entwicklung insbesondere im Bereich des Tourismus gesichert werden. Das Projekt enthält einen Entwicklungsplan *„Plan integré territorial des Alpes de Méditerranée" (PITER + Alpimed)*, der sich speziell auf vier Projekte konzentriert: Management, Innovation, Tourismus und Mobilität, um diese Bereiche nachhaltig zu gestalten.

Dieser EVTZ besitzt eine lange Tradition in den Bereichen Umwelt- und Kulturschutz. Die Prinzipien und die zahlreichen getroffenen praktischen Maßnahmen hinsichtlich der Aufwertung des EVTZ-Gebietes stehen immer unter diesem Thema. Das betrifft vor allem auch den Tourismus, der auf den natürlichen und kulturellen Gegebenheiten der Region aufbauen muss (Abb. 10.7). Ein wesentlicher Aspekt ist neben dem Management auch die Sensibilisierung der Unternehmen und der Bevölkerung für den Wert der hier vorhandenen Natur- und Kulturlandschaft sowie die Kommunikation, durch die die Wertschätzung für die Region verbessert wird.

---

[9] ALCOTRA wird durch den „Europäischen Fonds für regionale Entwicklung" (EFRE) finanziert. https://interreg.eu/programme/interreg-alcotra/.

Abb. 10.7 Col du Guilié / Colle Est del Mercantour. (Foto: Laura Martinelli Arch. APAM.jpg; mit freundlicher Genehmigung des GECT „Parc européen Alpi Marittime Mercantour / Parco europeo Alpi Marittime Mercantour")

10.3 Förderung der nachhaltigen Mobilität für den Rhein-Alpen-Korridor als Beitrag für ein intelligentes Verkehrsmanagement: „Interregional Alliance for the Rhine-Alpine Corridor EGTC"

Der EGTC „*International Alliance for the Rhine-Alpine Corridor*" wurde im April 2015 als 54. EVZT gegründet.[10] Die zentrale Achse dieses EVTZ bildet der *Rhein* aufgrund seiner historischen Funktion als wichtiger Verkehrs- und Handelsweg Europas. Der Korridor Rhein-Alpen ist Teil des Förderplans der Europäischen Kommission zur Verbesserung der Nutzung des Schienengüterverkehrs und zur Verbesserung nachhaltiger Mobilität durch Förderung der Verlagerung von der Straße auf die Schiene. Die Koordinierung dieses internationalen Programms obliegt der „Europäischen Wirtschaftlichen Interessenvereinigung" (EWIV), einer europäischen Organisation, die von Eisenbahninfrastrukturbetreibern gegründet wurde und von der Europäischen Union unterstützt wird. Der Schienengüterverkehrskorridor Rhein-Alpen („Rail Freight Corridor", RFC) erstreckt sich von den Seehäfen Rotterdam, Zeebrügge, Antwerpen, Amsterdam und Vlissingen bis zum Hafen

---

[10] International Alliance for the Rhine-Alpine Corridor: https://www.egtc-rhine-alpine.eu.

Genua. Dies ist der zentrale Bereich der EU und die am stärksten industrialisierte Nord-Süd-Route in Mitteleuropa, die mit einer Streckenlänge von 1300 km Europas wichtigste Wirtschaftsregionen wie Rotterdam, Amsterdam, Antwerpen, Gent, Lüttich, Duisburg, Köln, Frankfurt, Mannheim, Basel, Zürich, Mailand und Genua verbindet. Hier befinden sich zudem die meisten zentralen Einrichtungen der Europäischen Union. Die direkt beteiligten Länder sind die Niederlande, Belgien, Deutschland, Frankreich, die Schweiz und Italien. Die Tatsache, dass dieser Korridor das mit Abstand größte Transportaufkommen Europas abdeckt, macht ihn zum Vorreiter für den internationalen Schienengüterverkehr in Europa. Dieser EVTZ betrifft natürlich nicht ausschließlich den alpinen Raum, bzw. nur insofern, als er sich mit den transalpinen Schienenverkehrsverbindungen und den Problemen der Durchquerung der Alpen befasst.

Der Rhein-Alpen-Korridor entspricht ungefähr dem festländischen Teil der sog. „Blauen Banane", diesem urbanisierten europäischen Großraum, der durch eine starke Bevölkerungsballung sowie eine Konzentration von Wirtschaft, Verkehr und Infrastruktur einen hohen Grad an Zentralität und Dynamik besitzt. Die „Blaue Banane" beinhaltet auch die großen Industriezentren Englands (Liverpool, Manchester, Birmingham und den Großraum London). Diese sind jedoch wegen des Austritts Großbritanniens aus der EU keine Mitglieder des EVTZ.

Der Rhein-Alpen-Korridor ist einer der geplanten neun Kernnetzkorridore des „Transeuropäischen Verkehrsnetzes" (TEN-V) / „Trans-European Transport Network" (TEN-T) der EU. Dieses ist ein geplantes Netz von Straßen, Eisenbahnen, Flughäfen und Wasserinfrastruktur in der Europäischen Union. Das TEN-V-Netz ist Teil eines umfassenderen Systems transeuropäischer Netze (TEN), zu denen auch ein Telekommunikationsnetz (eTEN) und ein geplantes Energienetz (TEN-E oder Ten-Energie) gehören. TEN-V sieht koordinierte Verbesserungen an Hauptverkehrsstraßen, Eisenbahnstrecken, Binnenwasserstraßen, Flughäfen, Seehäfen, Binnenhäfen und Verkehrsmanagementsystemen vor, um integrierte und intermodale Fern- und Hochgeschwindigkeitsstrecken zu schaffen.[11]

Die Korridore sind gegenwärtig[12]:

1. der Baltisch-Adriatische Korridor (Polen-Tschechien/Slowakei-Österreich-Italien);
2. der Nordsee-Ostsee-Korridor (Finnland-Estland-Lettland-Litauen-Polen-Deutschland-Niederlande/Belgien);
3. der Mittelmeerkorridor (Spanien-Frankreich-Norditalien-Slowenien-Kroatien-Ungarn);

---

[11] International Alliance for the Rhine-Alpine Corridor: https://www.egtc-rhine-alpine.eu/. International Alliance for the Rhine-Alpine Corridor: https://de.wikipedia.org/wiki/Transeuropäische_Netze. International Alliance for the Rhine-Alpine Corridor: https://en.wikipedia.org/wiki/Trans-European_Transport_Network.

[12] Diese Korridore sollen gegebenenfalls künftig weiter nach Ost- und Südosteuropa verlängert werden.

10.3 Förderung der nachhaltigen Mobilität für den Rhein-Alpen-Korridor als…

4. der Orient-Ost-Mittelmeer-Korridor (Deutschland-Tschechien-Österreich/Slowakei-Ungarn-Rumänien-Bulgarien-Griechenland-Zypern);
5. der Skandinavisch-Mittelmeer-Korridor (Finnland-Schweden-Dänemark-Deutschland-Österreich-Italien);
6. der Rhein-Alpen-Korridor (Niederlande/Belgien-Deutschland-Schweiz-Italien);
7. der Atlantische Korridor, früher bekannt als Lissabon-Straßburg-Korridor (Portugal-Spanien-Frankreich);
8. der Nordsee-Mittelmeer-Korridor (Irland-Großbritannien-Niederlande-Belgien-Luxemburg-Marseille (Frankreich)).

Anfänglich aus 10 Mitgliedern bestehend zählt der EVTZ heute 25 Mitglieder aus sechs verschiedenen Ländern (Abb. 10.8). Die Hauptverwaltung befindet sich in Mannheim. Bei den Mitgliedern handelt es sich um Gebietskörperschaften, Städte, See- und Binnenhäfen und regionale Wirtschaftsorganisationen. Hauptziel des EVTZ ist nach eigenen Aussagen die Erleichterung und Förderung der territorialen Kooperation zwischen den Mitgliedern sowie die gemeinsame Stärkung und Koordinierung der integrierten Raumentwicklung entlang des multimodalen Rhein-Alpen-Korridors aus regionaler und lokaler Perspektive.[13] Der EVTZ möchte den

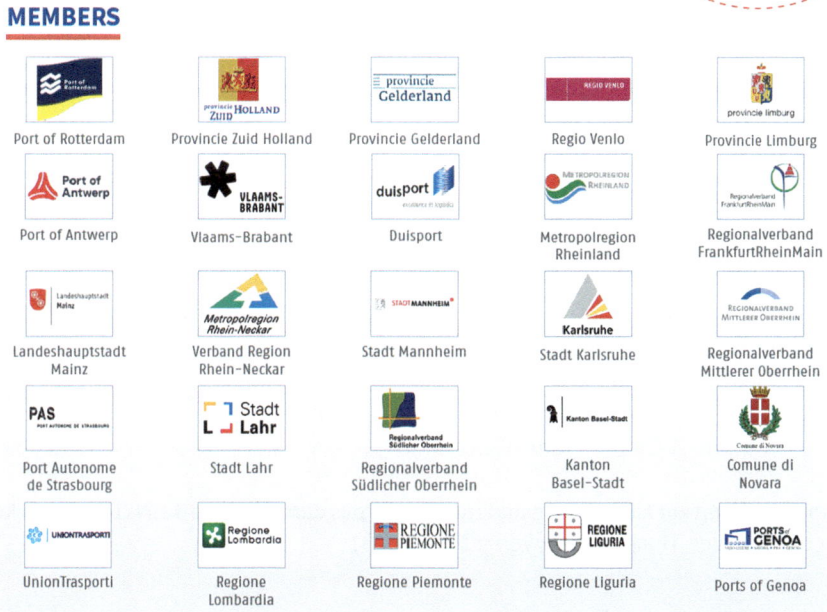

Abb. 10.8 Mitglieder der „Interregional Alliance for the Rhine-Alpine Corridor". (Mit freundlicher Genehmigung der „Interregional Alliance for the Rhine-Alpine Corridor EGTC")

---

[13] Convention of the European Grouping of Territorial Cooperation „Interregional Alliance for the Rhine-Alpine Corridor EGTC" … Amended version as of 31 March 2021: Article 4 – OBJECTIVES AND TASKS 4.1 The main objective of the EGTC is to facilitate and promote the territorial

grenzüberschreitenden Schienengüterverkehr erleichtern, um einen Wettbewerbsvorteil gegenüber anderen Verkehrsträgern zu schaffen. Die Zusammenarbeit soll bessere Schienendienstleistungen für den internationalen Güterverkehr in Europa bereitstellen und den Schienengüterverkehr als nachhaltigen Verkehrsträger in Europa fördern. Die folgenden Aufgaben und Ziele hat sich der EVTZ im Einzelnen gesetzt:

- Koordinierung aller Prozesse zwischen den Korridorbeteiligten, um maximale Leistung, Flexibilität und Zuverlässigkeit für die Eisenbahnverkehrsunternehmer zu erzielen
- Bündelung der gemeinsamen Interessen seiner Mitglieder gegenüber nationalen, europäischen und für Infrastruktur zuständigen Institutionen
- Weiterbearbeitung der gemeinsamen Entwicklungsstrategie für den multimodalen Rhein-Alpen-Korridor
- Koordinierung der Regionalentwicklung im Rhein-Alpen-Korridor unter Berücksichtigung lokaler und regionaler Perspektiven
- Nutzung von Finanzmitteln für korridorbezogene Aktivitäten und Projekte
- Information der EVTZ-Mitglieder über Fördermöglichkeiten für korridorbezogene Projekte
- Bewerbung neuer, EU-finanzierter Projekte und gemeinschaftliche Verwaltung von EU-Finanzmitteln
- Verbesserung der Sichtbarkeit und der öffentlichen Wahrnehmung des Korridors
- Bereitstellung einer zentralen Plattform für gegenseitigen Informations- und Erfahrungsaustausch und Begegnung

Projekte des EVTZ sind, bzw. waren u. a.:

- *„MultiRELOAD / Port Solutions for Sustainable Mobility":*

Entwicklung innovativer Lösungen für Binnenhäfen für effizienten und nachhaltigen multimodalen Transport (2022-2025)

- *„PLANET / Progress towards Federated Logistics through the Integration of TEN-T into A Global Trade Network":*

Untersuchung zur Einbindung und Integration des europäischen TEN-T-Netzwerkes in ein globales Transportnetzwerk (2020-2023)

---

cooperation among its members and to jointly strengthen and coordinate the territorial and integrated development of the multimodal Rhine-Alpine Corridor from the regional and local perspective. https://www.google.com/search?client=firefox-b-e&q=+CONVENTION+of+the+European+Grouping+of+Territorial+Cooperation+%E2%80%9CInterregional+Alliance+for+the+Rhine-Alpine+Corridor+EGTC.

- „*A European FEderated Network of Information eXchange in LogistiX*" *(FENIX)*:

Entwicklung einer europäischen Plattform für den Datenaustausch zwischen Logistikunternehmen, Transportunternehmen, Städte- und Gebietskörperschaften etc. im Rhein-Alpen-Korridor (2019-2023)

- „*GREEN AND MULTIMODAL / in the Rhine-Alpine Corridor*":

Information über die Ergebnisse der EVTZ-Projekte und Aktivitäten hinsichtlich des multimodalen Transports für kleine und mittlere Unternehmen (2020-2021)

- „*VITAL NODES / Enable efficient, sustainable freight delivery across the TEN-T urban nodes*":

Entwicklung effizienter und nachhaltiger Güterlieferung zwischen den urbanen Räumen TEN-T durch Verknüpfungen der bestehenden europäischen, nationalen und regionalen Transportnetzwerke 2017-2019

- „*Rhine-Alpine Integrated and Seamless Travel Chain*" *(RAISE-IT)*:

Entwicklung nahtloser Verkehrsketten durch Verknüpfung des Langstrecken-Schienenverkehrs mit regionalen und lokalen Netzwerken (2016-2019)

- „*European Rail Freight Line*" *(ERFLS)*:

Festlegung geeigneter Haltepunkte für Güterzüge zum (zeitsparenden) Be- und Entladen (2015-2018)

- „*Corridor Development Rotterdam-Genoa*" *(CODE 24)*:

Integrierter Ansatz zur künftigen Entwicklung des TEN-Netzwerks mit der Absicht, wirtschaftliche Entwicklung, Transport, Nachhaltigkeit und Lebensqualität in Einklang zu bringen (2010-2015)

Wie erwähnt, betrifft dieser EVTZ den alpinen Raum nur insofern, als er sich mit den transalpinen Schienenverkehrsverbindungen und den Problemen der Durchquerung der Alpen befasst. Die Hauptaufgabe sieht er vielmehr großräumig in der Verbesserung des Schienenverkehrs zwischen Nordsee und Mittelmeer. Die Alpen bilden einen Teil dieses wichtigen Korridors, stehen jedoch nicht im Mittelpunkt der übergreifenden Verkehrsverbindungen in Europa.

Nachhaltige Mobilität ist das Schlüsselwort dieses regional und thematisch umfangreichen EVTZ, und das Ziel die Verlagerung des Güterverkehrs von der Straße auf die Schiene. Die Kooperation ist großräumig angelegt und betrifft den gesamten Rhein-Alpen-Korridor. Die Mitglieder sind dementsprechend zahlreich und stammen aus allen Ländern, die an diesem Korridor Anteil haben (Abb. 10.9). Die Maßnahmen

Abb. 10.9 „Interregional Alliance for the Rhine-Alpine Corridor" (https://www.egtc-rhine-alpine.eu/#&gid=1&pid=1; mit freundlicher Genehmigung der „Interregional Alliance for the Rhine-Alpine Corridor EGTC")

sind vielseitig und zeigen das Bestreben, integrative Ansätze für die vielfältigen Probleme des aktuellen und zukünftigen Verkehrs auf dieser Verkehrsachse, die wohl die wichtigste Europas ist, zu entwickeln. Dass dies nur im Rahmen grenzüberschreitender Kooperation gelingen kann, zeigt dieser EVTZ nachdrücklich. Die Voraussetzung ist, dass die Eisenbahn hinsichtlich Struktur, Modernisierung und Verlässlichkeit die Maßnahmen bewältigt.

10.4 Grenzüberschreitende Natur- und Kulturerlebnisregion: „Europäischer Verbund für territoriale Zusammenarbeit (EVTZ) Geopark Karawanken"

Der „Geopark Karawanken" wurde 2019 als 75. „Europäischer Verbund für territoriale Zusammenarbeit" (EVTZ) gegründet.[14] Bereits zuvor wurde im Rahmen des Projekts „Die Errichtung eines grenzüberschreitenden Geoparks zwischen der Petzen und der Koschuta" der grenzüberschreitende *„Karawanken UNESCO Global Geopark"* etabliert, der heute Mitglied des Europäischen (EGN) und Globalen (GGN) Geopark-Netzwerkes ist. In einem Gebiet von 1067 km^2 haben sich 5 slowenische und 9 österreichische Gemeinden zusammengeschlossen. Dies sind:

1. Marktgemeinde Bad Eisenkappel-Vellach/Železna Kapla-Bela
2. Stadtgemeinde Bleiburg/Pliberk
3. Občina Črna na Koroškem
4. Občina Dravograd
5. Marktgemeinde Feistritz ob Bleiburg/Bistrica nad Pliberkom
6. Gemeinde Gallizien
7. Gemeinde Globasnitz/Globasnica
8. Marktgemeinde Lavamünd
9. Občina Mežica
10. Gemeinde Neuhaus
11. Občina Prevalje
12. Občina Ravne na Koroškem
13. Gemeinde Sittersdorf
14. Gemeinde Zell/Sele

Es handelt sich um eine „Natur- und Kulturerlebnisregion", mit einem herausragenden geologischen Erbe: Die Karawanken wurden während der seit dem Eozän andauernden zweiten Phase der alpidischen Orogenese gebildet. Die ältesten Steinformationen in dem Gebiet stammen aus der Zeit vor rund 500 Mio. Jahren. Das Gebiet hat eine reiche Eisen- und Kohlebergbau-Tradition. Durch die Förderung und den Schutz des geologischen Erbes soll der Zusammenhang zwischen der Geologie und der Lebensweise in der Vergangenheit und heute gezeigt werden. Das Gebiet ist außerdem botanisch sehr interessant. Felshänge, Felsgerölle, Büsche, Sumpfgebiete, Moore und Alpen-Rasengesellschaften stellen Lebensräume vieler geschützter Pflanzenarten dar, einige Arten kommen sogar als Endemiten vor. Die Karawanken sind auch ein bedeutendes ornithologisches Gebiet. Das Kulturerbe auf dem Geoparkgebiet ist zudem sehr abwechslungsreich und umfasst Museen, architektonische Besonderheiten und Kunst ebenso wie überkommene Bräuche und Sitten der Einwohner. Dazu gehören auch die volkstümliche Überlieferung mit Märchen, Sagen und Legenden sowie Volkslieder und Literatur

---

[14] Geopark Karawanken: https://www.geopark-karawanken.at/de/.

Der „Geopark" wendet sich an Urlauber, in erster Linie Wanderer und Radtouristen, die nachhaltige Destinationen suchen und sich insbesondere durch die Naturschönheiten der Region angesprochen fühlen. Die Besucher sollen z. B.:

> „… die spannende Unterwelt der Petzen mit dem Fahrrad oder Kajak, sowie die farbenprächtigen Obir Tropfsteinhöhlen [entdecken]. Finden Sie Ihre innere Ruhe auf dem Hemmaberg, eine der ältesten Pilgerdestinationen Europas. Begeben sie sich in die faszinierende, interaktive Ausstellung des Geoparks im GEO.DOM auf der Petzen, steigern sie Ihr Adrenalin talwärts auf dem Flow Country Trail, oder stürzen sie sich auf der Zipline von „Europa nach Afrika" über Črna na Koroškem. Auf dem Draufloß können Sie genussvoll die Grenze zwischen Österreich und Slowenien auf dem Wasser durchschiffen."[15]

Ein besonderer Anziehungspunkt sind die Obir-Höhlen: Sie befinden sich im Hochobir-Massiv, in der Nähe der Marktgemeinde Eisenkappel-Vellach. Diese Region war einst ein florierendes Bergbaurevier. Auf einer Länge von ca. 5 km erstrecken sich 12 Höhlen, der Teil, der besichtigt werden kann, ist durch ein 1,3 km langes System von Gängen verbunden. Es handelt sich um Karsthöhlen, die sich in den ladinischen Wettersteinkalken gebildet haben. Entdeckt wurden die Höhlen 1870 durch Bergleute: Die Obir-Tropfsteinhöhlen sind nicht nur eine natürliche Sehenswürdigkeit, sondern auch ein bedeutendes kulturelles und historisches Erbe der Region (Abb. 10.10): Der Abbau von Blei und Zink geht in der Region bis ins 11. Jahr-

Abb. 10.10 Besichtigung der Obir-Tropfsteinhöhle im Geopark Karawanken oberhalb von Bad Eisenkappel. (@Urosh Grabner; mit freundlicher Genehmigung des „EVTZ Geopark Karawanken")

---

[15] Geopark Karawanken: https://www.geopark-karawanken.at/de/.

10.4 Grenzüberschreitende Natur- und Kulturerlebnisregion: „Europäischer...

Abb. 10.11 Besichtigung des ehemaligen Bergwerks Mežica im Geopark Karawanken unter der Petzen (slowenisch: Peca) mit dem Kajak. Nach Beendigung des Bergbaus 1994 wurde das Bergwerk großenteils geflutet. (@Urosh Grabner; mit freundlicher Genehmigung des „EVTZ Geopark Karawanken")

hundert zurück, wurde bis ins 19. Jahrhundert betrieben und ab 1900 vor allem aufgrund der schwierigen Bedingungen für den Abtransport der Erze immer stärker eingeschränkt und schließlich aufgegeben. Seit 1991 ist ein Teil der Höhlen zugänglich (Abb. 10.11). 1991 erfolgte die offizielle Eröffnung als Schauhöhle und der Beginn der regelmäßigen Führungen.

Maßnahmen zur Erhaltung der natürlichen Ressourcen sollen im Rahmen der grenzüberschreitenden Zusammenarbeit unterstützt werden. Die Region will im Sinne einer nachhaltigen Regionalpolitik die Entwicklung der gesamten Region mit Maßnahmen zur Erhaltung der natürlichen Ressourcen sowie der Kultur und des kulturellen Erbes im EVTZ-Gebiet fördern. Zudem sollen Potenziale der erneuerbaren Energien erschlossen und die Verbesserung der Energieeffizienz angestrebt werden.

Zahlreiche „Erlebnisse" (es gibt eine „Erlebniskarte"), Wanderangebote, Veranstaltungen und Touren, der „Karawanken-Trail", der „Geopark Wasserwelt" und besondere Infopunkte („Geopunkte" oder „Geosites") bieten vielfältige Möglichkeiten, die Region kennenzulernen (Abb. 10.12). Neben der geologischen und geomorphologischen Bedeutung bringen die Geopunkte häufig auch archäologische, geschichtliche, botanische, zoologische, kulturelle oder technische Themen nahe (einstige Erz- und/oder Kohlenbergwerke). Die einzelnen Mitgliedsgemeinden werden zudem mit ihren jeweiligen Sehenswürdigkeiten und Spezialitäten vorgestellt. Ein weiterer Schwerpunkt liegt auf der Betonung der regionaltypischen Besonder-

Abb. 10.12 GEO.DOM – Besucherzentrum des Geoparks Karawanken. (@Urosh Grabner; mit freundlicher Genehmigung des „EVTZ Geopark Karawanken")

heiten der Region, zu denen auch die Kulinarik gehört (z. B. „Jauntaler Had'n" (Buchweizen), „Jauntaler Salami", „Sittersdorfer Wein", „Aromen Koroškas", Bauernläden).

Die offiziellen Ziele des „Geoparks Karawanken" sind die Folgenden:

1. Erhaltung der geologischen und natürlichen Ressourcen sowie der Kultur und des kulturellen Erbes im Gebiet seiner Mitglieder
2. Bewusstmachung, Information und Bildung über den Geopark Karawanken, des europäischen und globalen Geopark-Netzwerks und seine Positionierung als Geopark
3. wirtschaftliche Inwertsetzung des Geoparks u. a. mittels nachhaltigem Tourismus
4. allgemeine grenzüberschreitende Zusammenarbeit und Entwicklung der Region im Sinne einer nachhaltigen Regionalpolitik

An zahlreichen grenzüberschreitenden Projekten ist der EVTZ beteiligt; verschiedene wurden bereits durchgeführt oder sind gegenwärtig in Arbeit[16]:

Das Tourismusprodukt „*Danube GeoTour Plus*" soll das Potenzial an Kulturerbe und das bestehende Modell der territorialen Entwicklung von Geoparks und die nachhaltigen touristischen Möglichkeiten abgelegener ländlicher Gemeinden verbessern und darauf hinwirken, dass Natur- und Kulturschätze ausgewogener verwaltet werden. An diesem Projekt sind 29 Organisationen aus 8 Mitglieds- und 3

---

[16] Geopark Karawanken: https://www.geopark-karawanken.at/de/projekte.

Nichtmitgliedstaaten beteiligt. Danube GeoTour Plus ist eine kollaborative Plattform, die nach Abschluss des Projekts die zukünftige Nachhaltigkeit des Danube GeoTour-Produkts sicherstellen soll.

„*Green Tour*" arbeitet auf einen bewussten Umgang von Naturerlebnisinfrastrukturen und eine innovative Produktentwicklung zu Themen mit Schutzrelevanz und Besuchermanagement hin. Durch das Projekt sollen sowohl touristische Akteure und Verantwortliche sowie Besucher in ihrem Verantwortungsbewusstsein und ihrem bewussten Agieren in diesem Raum gestärkt werden.

„*Humanita*" betrachtet die Wechselwirkung zwischen Mensch und Natur und die Auswirkungen touristischer Aktivitäten auf Schutzgebiete, um das richtige Gleichgewicht zwischen der Erhaltung dieser Gebiete und ihrer Öffnung für Besucher zu finden. Das Projekt Humanita entwickelt Managementinstrumente zur besseren Überwachung der Auswirkungen des Tourismus in Schutzgebieten.

Das Projekt „*I-SWAMP*" entwickelt eine Methode zur Erhaltung kleiner alpiner Feuchtgebiete mit einem Ansatz, der sowohl auf wissenschaftlich fundierten Entscheidungen als auch auf der Übernahme von Verantwortung durch die lokalen Gemeinden beruht.

Das EU-Projekt „*Crossborder ACTIVE 2020*" (abgeschlossen) wurde Ende des Jahres 2014 gestartet, um auf Grundlage der bestehenden grenzüberschreitenden Kooperation im Geopark die Weiterentwicklung und Professionalisierung von Gemeindekooperationen im gesamten Grenzgebiet zwischen Österreich und Slowenien zu forcieren.

Das EU-Projekt „*Rural Regeneration Through Systemic Heritage-Led Strategies*" (*Ruritage*, abgeschlossen) befasst sich mit den europäischen ländlichen Gebieten und deren herausragenden Beispielen des Kultur- und Naturerbes (CNH), die im Sinne einer nachhaltigen und innovativen Entwicklung gefördert werden sollen (insgesamt 39 Partner aus Europa und Übersee). Das Kulturerbe soll als Motor für nachhaltiges Wachstum im Zuge der ländlichen Erneuerung ländliche Gebiete zu Musterbeispielen für sinnvolle Entwicklung machen.

Das Hauptziel des Projekts „*KaraWAT*" (abgeschlossen) ist es, eine Strategie für ein nachhaltiges Gewässermanagement im grenzüberschreitenden „Karawanken UNESCO Global Geopark" zu entwickeln. Diese Strategie soll als Handlungsinstrument für die 14 beteiligten Gemeinden dienen und einen Empfehlungskatalog von Maßnahmen darstellen, die bilateral harmonisierte Gewässermanagementverfahren ermöglichen.

Im Leader Projekt „*Geoparkforscherkids*" (abgeschlossen) geht es darum, bei Kindern die Freude an der Natur zu erwecken. Im Zuge des Projektes wurden Spielplätze errichtet und Workshops mit den Schwerpunkten Geologie, Geographie, Botanik, Zoologie, Physik und Chemie ausgearbeitet. Der Karawanken-Geopark hat sich mit dem Netzwerk an zertifizierten Geopark-Schulen, -Kindergärten und -Bildungszentren das Ziel auferlegt, Kinder noch stärker für die lokalen geologischen, natürlichen und kulturellen Besonderheiten zu sensibilisieren.

Ziel des Projekts „*NaKult*" (abgeschlossen) ist es, eine Gesamtstrategie zur Valorisierung, Sichtbarmachung und Steigerung des Bewusstseins der reichen Geodiversität des Geoparks zu etablieren. Zur Zielerreichung planten die Projektpartner die gemeinsame Entwicklung und Ausstattung eines Weitwanderweges rund um den Geopark Karawanken. Durch dieses Angebot sollte eine wesentliche Steigerung des Bewusstseins zur Geo- und Biodiversität erzielt werden.

Die Aktivitäten im Rahmen des Projekts *„EUfutuR"* (abgeschlossen) sollten zur ersten Gemeinde- und Interinstitutionalkooperation zwischen Österreich und Slowenien führen, mit der Absicht, sich als EVTZ zu etablieren.

Dieser EVTZ konzentriert sich auf den nachhaltigen Tourismus. Der „Geopark" ist eine zusammenhängende „Natur- und Kulturerlebnisregion", die von vornherein grenzüberschreitend ist, denn die touristischen Sehenswürdigkeiten und Erlebnismöglichkeiten finden sich zu beiden Seiten der Grenzen. Die Aufwertung dieser „Erlebnisregion" kann daher gar nicht anders als grenzüberschreitend erfolgen. Dieser Maxime folgt der „Geopark Karawanken" und konzentriert sich dabei darauf, den Besuchern das Natur- und Kulturerbe der Region nahezubringen und zu vermitteln, dass der Schutz dieses Erbes besondere Priorität genießen muss.

10.5 Nachhaltiger Tourismus, umweltfreundliche Mobilität und regionale Identität: „EGTC Alpine Pearls – eco-friendly escapes"

Die Organisation „Alpine Pearls" wurde 2006 von 17 Mitgliedsorten, die sich „Perlen der Alpen" nannten, gegründet. Dies war eines der Ergebnisse der vorherigen zwei EU-Projekte „Alps Mobility" und „Alps Mobility II". Beide gingen auf die Initiative des Österreichischen Bundesministeriums für Land- und Forstwirtschaft, Umwelt und Wasserwirtschaft zurück. Der Schwerpunkt lag auf der Schaffung innovativer, nachhaltiger und klimaschonender Tourismus-Angebote. Im Jahr 2022 wurde dann der EVTZ *„Alpine Pearls – eco-friendly escapes"* als Nachfolgeorganisation und 84. EVTZ gegründet.[17] Diese Form des Zusammenschlusses der Mitgliedsgemeinden sollte die grenzüberschreitende Zusammenarbeit der einzelnen Mitglieder intensivieren und es ermöglichen, die Ergebnisse der vorherigen EU-Projekte leichter umzusetzen. Heute sind 18 Gemeinden in vier Alpenländern Mitglieder im EVTZ, zwölf davon liegen in Italien, drei in Österreich, zwei in Slowenien, eine in Deutschland (Abb. 10.13, 10.14, 10.15 und 10.16):

Deutschland
- Bad Reichenhall

Österreich
- Mallnitz
- Weissensee
- Werfenweng

---

[17] Alpine Pearls – eco-friendly escapes: https://www.alpine-pearls.com/evtz/evtz-im-ueberblick/der-verbund. Alpine Pearls – eco-friendly escapes: https://de.wikipedia.org/wiki/Alpine_Pearls.

10.5 Nachhaltiger Tourismus, umweltfreundliche Mobilität und... 95

Abb. 10.13 Die „Alpinen Perlen" / „Alpine Pearls – eco-friendly escapes": https://www.alpinepearls.com/evtz/evtz-im-ueberblick/der-verbund; mit freundlicher Genehmigung des „EGTC Alpine Pearls")

Abb. 10.14 Alpe Cimbra im Trentino/Italien. In der „Zimbrischen Sprachinsel" wird noch „Zimbrisch" („Zimbra") gesprochen, ein deutscher Dialekt. (Mit freundlicher Genehmigung des „EGTC Alpine Pearls")

96   10   Die „Europäischen Verbünde für territoriale Zusammenarbeit" (EVTZ) in den Alpen

Abb. 10.15 Bohinjsko jezero (deutsch: Wocheiner See) im Triglav-Nationalpark, Slowenien. (Mit freundlicher Genehmigung des „EGTC Alpine Pearls")

Abb. 10.16 Bad Weissensee in Kärnten, Österreich. (Mit freundlicher Genehmigung des „EGTC Alpine Pearls")

Slowenien
- Bled
- Bohinj

Italien
- Alpe Cimbra
- Ceresole Reale
- Chamois
- Cogne
- Falcade
- Forni di Sopra
- Limone Piemonte
- Moena
- Moos im Passeiertal
- Primiero San Martino di Castrozza
- Ratschings
- Villnöss

Da sanfter Tourismus für das sensible Ökosystem der Alpen besonders wichtig ist, stehen die „Perlen" für sanfte Mobilität und damit für nachhaltige, klimafreundliche und umweltschonende Fortbewegung. Zielsetzung ist es, den Gästen die Möglichkeit der autofreien An- und Abreise und die einfache Nutzung der öffentlichen Verkehrsmittel vor Ort sowie weitere klimaschonende Urlaubsangebote zu bieten. Günstige Anbindung und optimale Erreichbarkeit mit öffentlichen Verkehrsmitteln soll daher systematisch ausgebaut werden, der ÖPNV soll anstelle eigener Autos die mobile Bewegungsfreiheit sicherstellen; Shuttledienste, Wander- und Skibusse, Taxis, Elektrofahrzeuge, Sharing-Modelle, Fahrräder und E-Bikes werden zudem angeboten. Gäste- und Mobilitäts-Cards beinhalten die kostenfreie Nutzung des ÖPNV. Mitglieder sollen überdies Qualitätskriterien, wie verkehrsberuhigte Ortskerne, umweltfreundliche Freizeitangebote und ökologische Mindeststandards erfüllen. Der EGTC bewirbt sein Angebot selbst folgendermaßen[18]:

„*Wissenswert.*
5 grüne Gründe für Reisen ohne Auto.
Die Alpen erkunden, ohne der Umwelt zu schaden – ja, das geht. Denn wir von Alpine Pearls haben uns ganz der sanften Mobilität und dem nachhaltigen Qualitätstourismus verschrieben. Heimat bedeutet für uns Geborgenheit, Wohlgefühl, Herzenswärme. Darum setzen wir uns für unsere Heimat ein. Ohne Kompromisse. Hier sind fünf grüne Gründe, warum Ihr Euren nächsten Urlaub in einer Perle verbringen solltet:
1. Gleitet sanft durch die Berglandschaften dank dem vielfältigen Angebot an Elektromobilität, für die sich Alpine Pearls einsetzt.
2. Erlebt die Freiheit ohne Auto, indem Ihr das kostenlose Angebot zur Nutzung öffentlicher Verkehrsmittel in Anspruch nehmt.

---
[18] Alpine Pearls – eco-friendly escapes: https://www.alpine-pearls.com/urlaub-ohne-auto.

*3. Nutzt die Carsharing-Angebote und den Fahrradverleih, um ganz gelassen die zahlreichen Orte der Stille und Ruhe zu erkunden.
4. Entdeckt die Kraft der Natur und die zahlreichen Möglichkeiten der erneuerbaren Energien, die die Perlen sich zunutze machen.
5. Verbringt Euren Urlaub in den klimafreundlichen Unterkünften, die von Alpine Pearls gefördert werden, und reduziert Euren CO_2-Fußabdruck.
Entdeckt die zahlreichen Möglichkeiten.
Findet Euer Reiseglück."*

Die Projekte reichen thematisch von umweltfreundlicher Mobilität über Anpassungsstrategien für Tourismusregionen sowie Governance-Strukturen in Bergregionen bis zur nachhaltigen Energieversorgung. Durch die Zusammenarbeit mit internationalen Partnern aus dem Alpenraum sowie ganz Europa sollen innovative Lösungen entwickelt werden, die den Tourismus zukunftsfähig machen. Entscheidend für den Verbund sind nach eigener Aussage vor allem das Handeln nach den Grundsätzen der Nachhaltigkeit, eine saubere Umwelt, eine schöne Landschaft, die Förderung regionaler Kreisläufe, die Wahrung regionaler Identitäten und kultureller Besonderheiten. Der EVTZ formuliert selbst die folgenden Kernziele:

- Die Schaffung eines integrierten und transnationalen Tourismusmanagements, die wirtschaftliche Entwicklung und der Ausbau des öffentlichen Verkehrsnetzes, um die Förderung des nachhaltigen Tourismus mit Schwerpunkt umweltfreundlicher Mobilität zu unterstützen
- Die effiziente Abstimmung zwischen den teilnehmenden Gemeinden mit dem Ziel, sowohl mit als auch ohne finanzielle Beiträge der EU Maßnahmen zur wirtschaftlichen und sozialen Stärkung des Gebiets zu erstellen
- Transnationale Partnerschaften zwischen den einzelnen Mitgliedsgemeinden zu schaffen
- Weitere Gemeinden auf dem Weg zu Alpinen Perlen zu begleiten und diese – nach Erfüllung der Alpine Pearls Kriterien – als Mitgliedsgemeinden aufzunehmen

Der EVTZ beteiligt sich als Projektpartner an dem vom „Austrian Institute of Technology GmbH" (AIT) koordinierten Projekt „*AUTOFREI*".[19] Dieses widmet sich der Frage, wie die Transformation hin zu klimaneutralem Reise- und Ausflugsverkehr an den Reisezielen von Touristen aus urbanen Quellgebieten und die Umstellung zu klimaneutralem Reise- und Ausflugsverkehr an touristischen Destinationen erreicht werden kann. Außerdem möchte man den Einheimischen und dem Tourismuspersonal ermöglichen, selbst weniger auf motorisierte Mobilität angewiesen zu sein. Basierend auf Erkenntnissen aus der Mobilitätsverhaltensforschung sowie „Forschungsergebnissen im Bereich der GIS-basierten Analyse von zielgruppenspezifischen klimaneutralen Erreichbarkeitsbedürfnissen" sollen die Konzepte von AUTOFREI die Erreichbarkeit sowohl für die Freizeitaktivität von Urlaubs- und Ausflugsgästen aus Stadtregionen als auch für die Alltagsaktivität der Bevölkerung und Beschäftigen in Tourismusgemeinden verbessern, um schließlich Klimaneutralität durch Verkehrsvermeidung im Freizeit- und Tourismuskontext zu

---

[19] Alpine Pearls – eco-friendly escapes: https://projekte.ffg.at/projekt/512030.

erreichen. Die Alpine Pearls-Mitglieder Mallnitz, Weissensee und Werfenweng sind in diesem Projekt Pilotgemeinden.

Das Projekt *„Danube Energy Communities Accelerator" (DECA)*, an dem der EVTZ mitwirkt, zielt darauf ab, erneuerbare Energiegemeinschaften im gesamten Donauraum durch Erfahrungsaustausch und die Entwicklung einer gemeinsamen Strategie zu beschleunigen. DECA wird durch das Interreg-Programm für den Donauraum finanziert und umfasst zwölf Partner in neun Ländern (Slowenien, Kroatien, Slowakei, Österreich, Bosnien und Herzegowina, Montenegro, Ungarn, Serbien, Rumänien), darunter Gesellschaften, Zentren für erneuerbare Technologien und Agenturen für Entwicklung und Unternehmensförderung sowie eben den EVTZ Alpine Pearls.[20] Im Rahmen des Projekts werden dezentrale Lösungen für erneuerbare Energien untersucht. Angestrebt wird der Aufbau von Kapazitäten zur Förderung von Gemeinschaftsprojekten im Bereich erneuerbarer Energien im gesamten Donauraum. Die Erkenntnisse sollen im Endeffekt in eine umfassende DECA-Strategie einfließen.

Die Orte aus vier verschiedenen Ländern (Deutschland, Österreich, Slowenien und Italien), die sich in diesem EVTZ zusammengeschlossen haben, streben das gleiche Ziel an, auch wenn sie weit voneinander entfernt sind, nämlich nachhaltigen Tourismus, der auf einer nachhaltigen Mobilität begründet ist und somit das Natur- und Kulturerbe als die Basis des Tourismus schützt und nicht überbeansprucht. Umweltfreundliche Mobilität anstelle des privaten PKW-Verkehrs wird durch zahlreiche Anreize für die Urlauber forciert, um die negativen Auswirkungen des Individualverkehrs zu vermeiden.

10.6 Grenzüberschreitende akademische Kooperation: „EVTZ Wissenschaftsverbund Vierländerregion Bodensee"

Überwiegend wurden „Europäische Verbünde für territoriale Zusammenarbeit" (EVTZ) bisher von Gebietskörperschaften zum Zwecke einer überregionalen Kooperation gegründet. Jedoch kann ein EVZT auch für eine vorwiegend thematisch ausgerichtete Zusammenarbeit geschaffen werden. Dieser Aspekt steht beispielsweise bei der Gründung eines hochschul- und grenzübergreifend agierenden EVTZ im Vordergrund. Universitäten und Hochschulen können daher potenzielle Mitglieder eines EVTZ werden, bzw. selbst einen EVTZ gründen und als institutionellen Rahmen für eine hochschulübergreifende Zusammenarbeit nutzen. Ein Vorteil für eine solche Kooperation wird darin gesehen, dass der EVTZ eine eigene Rechtspersönlichkeit besitzt. Dies ermöglicht ihm, selbst EU-Mittel zu beantragen. Darüber hinaus schafft der Verbund einen einheitlichen Rahmen für die Verwaltung europäischer Projekte und gewährleistet aufgrund der grenzüberschreitend gemeinsam tätigen Organe Stabilität und Effektivität bei der Zusammenarbeit. Die für alle gleichermaßen geltenden Regelungen erleichtern Entscheidungsprozesse, und die getroffenen Weichenstellungen bieten aufgrund ihrer Rechtsverbindlichkeit

---

[20] Danube Energy Communities Accelerator (DECA): https://interreg-danube.eu/projects/deca.

Abb. 10.17 Die Mitglieder des „EVTZ Wissenschaftsverbund Vierländerregion Bodensee". (Mit freundlicher Genehmigung des „EVTZ Wissenschaftsverbund Vierländerregion Bodensee")

Sicherheit für die Mitglieder bei der Umsetzung. Auf diese Weise ist es Hochschulen und Universitäten möglich, auch im grenzüberschreitenden Bereich eine verlässliche, koordinierte und effektive Zusammenarbeit zu erreichen. Dies wiederum ist eine wesentliche Erleichterung für die Schaffung von grenzübergreifenden Studiengängen.[21]

Der *„Wissenschaftsverbund Vierländerregion Bodensee"* ist einer dieser Art von „Europäischen Verbünden für territoriale Zusammenarbeit", zudem der erste EVTZ in der Bodenseeregion und der 86. EVTZ. Es handelt sich um einen internationalen Zusammenschluss von 25 Universitäten und Hochschulen in der Bodenseeregion, also aus Deutschland, Österreich, Liechtenstein und der Schweiz (Abb. 10.17).[22] Mehr als 20.000 Forschende und 115.000 Studierende arbeiten an den Mitgliedshochschulen. Zudem sind etwa 850 Praxispartner aus Deutschland, Liechtenstein, Österreich und der Schweiz in die Aktivitäten eingebunden. Der Wissenschaftsverbund hat seinen Sitz an der Universität Konstanz.

Dieser EVTZ wurde 2022 gegründet und übernahm als Rechtsnachfolger die Aufgaben der „Internationalen Bodensee-Hochschule" (IBH), die 1999 von der „Internationalen Bodensee-Konferenz" (IBK) etabliert worden war und Ende des Jahres 2022 aufgelöst wurde.[23] Als ihr Nachfolger setzt die „Vierländerregion

---

[21] Blaurock, Uwe, Hennighausen, Johanna (2016): Der Europäische Verbund territorialer Zusammenarbeit (EVTZ) als Rahmen universitärer Kooperation. In: Ordnung der Wissenschaft 2 (2016), S. 77-79.

[22] Wissenschaftsverbund Vierländerregion Bodensee: https://www.wissenschaftsverbund.org/.

[23] Internationale Bodensee Hochschule (IBH): https://de.wikipedia.org/wiki/Internationale_Bodensee-Hochschule.

10.6 Grenzüberschreitende akademische Kooperation: „EVTZ...

Bodensee" die Arbeit der IBH fort, ist jedoch als EVTZ eine eigenständige Rechtsperson und verfügt über ein breiteres Handlungsspektrum. Der Wissenschaftsverbund arbeitet auf der Grundlage einer Kooperationsvereinbarung weiter mit der IBK zusammen. Die Aufgaben in den kommenden Jahren sieht man vor allem darin, die gesellschaftliche Rolle seiner Mitglieder zu stärken, Innovationsprozesse zu fördern und die Transformation der Region wirkungsvoll voranzutreiben. Dabei soll die Zusammenarbeit von Wissenschaft, Politik, Wirtschaft und Zivilgesellschaft intensiviert werden, um gemeinsam mit Experten aus der Praxis Lösungen für die aktuellen und zukünftigen gesellschaftlichen Herausforderungen der Vierländerregion zu erarbeiten. Man möchte dadurch den Zusammenhalt in der Vierländerregion stärken, Demokratie und Dialog fördern und gleiche Chancen auf Teilhabe aller Menschen am gesellschaftlichen Leben ermöglichen. Die Stärken des Wissenschaftsverbunds sieht man in der Vielfalt der beteiligten Hochschulen und der Diversität der Nachbarn – ohne dass dabei Sprachgrenzen überwunden werden müssen, da Deutsch im Bodenseeraum überall die Landessprache ist. Seine übergreifenden Ziele stellt der EVTZ folgendermaßen dar[24]:

> „Wir engagieren uns für die gesellschaftliche Gestaltung der Vierländerregion Bodensee
> *Was wir erreichen wollen*
> *Unsere Gesellschaft steht vor gewaltigen, gesellschaftlichen Herausforderungen, die nicht vor Länder- oder Systemgrenzen haltmachen. Wir sind davon überzeugt, dass es für die Gestaltung von Lösungen das Zusammenwirken unterschiedlicher Perspektiven bedarf und sehen den größten Hebel in der Vernetzung der Wissenschaft mit gesellschaftlichen Akteur*innen aus der Praxis über Länder- und Sektorengrenzen hinweg.*
> *Als Wissenschaftsverbund setzen wir uns daher dafür ein, dass Hochschulen gesellschaftliche Herausforderungen in Zusammenarbeit mit gesellschaftlichen Akteur*innen aus Wirtschaft, Politik und Gesellschaft gemeinsam bearbeiten und die unterschiedlichen Perspektiven und Kompetenzen zu bestmöglichen Lösung beitragen.*
> *In diesem Selbstverständnis ist unser Ziel für die Leistungsperiode 2022 bis 2025 eine der wichtigsten Fragen unserer Zeit – den digitalen Strukturwandel von Wirtschaft und Gesellschaft in der Vierländerregion Bodensee – grenzüberschreitend im Rahmen von Forschung, Lehre sowie Wissens- und Technologietransfer zu unterstützen.*
> *Unsere Rolle liegt hier insbesondere darin, durch die Verbindung von Bildung, Forschung und Praxis die Entwicklung innovativer Lösungen für die Region und darüber hinaus zu unterstützen und den gesellschaftlichen Dialog zur Akzeptanz von Lösungen zu stärken.*
> *Strategie 2022-2025"*

---

[24] Wissenschaftsverbund Vierländerregion Bodensee: https://www.wissenschaftsverbund.org/.

Als wichtigstes Thema gilt der digitale Strukturwandel von Wirtschaft und Gesellschaft in der Vierländerregion Bodensee, der durch die Verbindung von Bildung, Forschung und Praxis grenzüberschreitend im Rahmen von Forschung, Lehre sowie Wissens- und Technologietransfer unterstützt werden soll. Die Rolle des Wissenschaftsverbundes sieht man nach eigener Aussage darin, neben der Entwicklung innovativer Lösungen für die Region auch die gesellschaftliche Akzeptanz zu stärken (Abb. 10.18). Für wichtig hält man auch die Aus- und Weiterbildung von Fach- und Führungskräften für die Region. Ein strategisches Ziel ist zudem die Entwicklung zur Europäischen Universität mit der denkbaren Möglichkeit, als „Europäischer Universitätsverbund" anerkannt zu werden.[25]

Abb. 10.18 Programm „Nachhaltige Vierländerregion" / „Möglichkeitsraum Bodensee": „Informationszugang, Energieversorgung, Ressourcenverbrauch, Mobilität, Bildung und Arbeit werden die Vierländerregion in den nächsten Jahren fundamental verändern. Damit Behörden, Unternehmen und Einwohner*innen diesen Entwicklungen produktiv begegnen können, ist Vorstellungskraft gefragt, um wissenschaftlich plausible und zugleich wünschenswerte regionale Zukunftsszenarien zu entwerfen." (Bildnachweis: W4/Hetzel+Girke. https://www.wissenschaftsverbund.org/programme-schlusselthemen/moglichkeitsraum-bodensee; mit freundlicher Genehmigung des EVTZ „Wissenschaftsverbund Vierländerregion Bodensee")

---

[25] Wissenschaftsverbund Vierländerregion Bodensee: https://www.wissenschaftsverbund.org/projekte.

Die Ziele der Förderstrategie für die Jahre 2022-2025 werden mit eigenen Worten folgendermaßen definiert:

„Identifikation der drängenden Themen und Potenziale der Region"
Unser Ziel ist es, dort anzusetzen, wo die Bedarfe in der Vierländerregion am größten scheinen und wo in der Kollaboration und im Wissenstransfer besonders große Potenziale versteckt liegen. Um dies zu ermöglichen, fokussieren wir unsere Arbeit auf Themenschwerpunkte. Die jeweils identifizierten Herausforderungen und Entwicklungspotenziale bearbeiten wir entlang von zeitlich begrenzten Programmen und einem flexiblen Set an Instrumenten.

Förderung und Begleitung kollaborativer Projekte
Wir sind überzeugt: Komplexe Herausforderungen erfordern die Einbindung vielfältiger Perspektiven und einer gleichberechtigten Zusammenarbeit unterschiedlicher Akteur*innen. Deshalb steht für uns die Förderung der Zusammenarbeit von Forschenden mit Partner*innen aus der Praxis im Vordergrund unserer Arbeit.

Unterstützung beim Netzwerkaufbau
Unser Förderbegriff ist dabei bewusst breit angelegt und umfasst u. a. auch die praktische Unterstützung beim Aufbau von Netzwerken und Kooperationen.

Kompetenzentwicklung für Kollaboration und gesellschaftliche Wirkung
Neue Kollaborationsformen und eine strikte Wirkungsorientierung erfordern von Forscher*innen und Hochschulangehörigen auch neue und zusätzliche Kompetenzen. Wir unterstützen unsere Mitgliedshochschulen bei der Ausgestaltung dieser Aufgabe und ihrer „Dritten Mission" insgesamt mit einer Vielzahl von Formaten.

Der „Wissenschaftsverbund Vierländerregion Bodensee" betrifft auch den Alpenraum. Dieser liegt jedoch nicht im Zentrum des abgedeckten Gebiets, denn es handelt sich bei diesem EVTZ, wie der Name schon sagt, um einen Verbund des Bodenseeraumes. Es geht also nicht in erster Linie um eine Beschäftigung mit speziellen Problemen der Alpen. Die Mitglieder des Wissenschaftsverbundes sind die Folgenden:

Schweiz
HfH Interkantonale Hochschule für Heilpädagogik
OST – Ostschweizer Fachhochschule
Pädagogische Hochschule Schaffhausen
Pädagogische Hochschule St.Gallen
Pädagogische Hochschule Thurgau
Pädagogische Hochschule Zürich
SHLR Schweizer Hochschule für Logopädie Rorschach
Universität St.Gallen
Universität Zürich
ZHAW Zürcher Hochschule für Angewandte Wissenschaften
Zürcher Hochschule der Künste ZHdK

Deutschland
Duale Hochschule Baden-Württemberg DHBW
Hochschule Albstadt-Sigmaringen
Hochschule Furtwangen
Hochschule Kempten
Hochschule Konstanz HTWG
Pädagogische Hochschule Weingarten
RWU – Hochschule Ravensburg-Weingarten
Staatliche Hochschule für Musik Trossingen
Universität Konstanz
Zeppelin Universität Friedrichshafen

Österreich
Fachhochschule Vorarlberg GmbH
Pädagogische Hochschule Vorarlberg
Stella Vorarlberg Privathochschule für Musik

Fürstentum Liechtenstein
Universität Liechtenstein

Dieser EVTZ hat die von der EU vorgegebene Möglichkeit wahrgenommen, verschiedene Wissenschaftsinstitutionen zusammenzuschließen. Damit können die vorhandenen Synergieeffekte in den beteiligten vier Ländern (Deutschland, Österreich, Liechtenstein, Schweiz) ausgenutzt und grenzüberschreitend auf breiter Basis Forschungsaktivitäten entwickelt werden. Dies dient der Erleichterung der wissenschaftlichen Forschung ebenso wie den Studierenden. Die internationale Kooperation auf Hochschulebene, von der so viel gesprochen wird, wird in diesem Fall mit großem Erfolg realisiert.

11
Vom einstmals einheitlichen Territorium über politische Trennung zu neuer grenzüberschreitender Zusammenarbeit: „EVTZ Europaregion Tirol – Südtirol – Trentino"

Die vorgenannten alpinen EVTZ fanden mehr oder weniger organisch zueinander. Nicht ganz so einfach verlief die Gründung der „Europaregion Tirol – Südtirol – Trentino" aus dem österreichischen Bundesland Tirol und den beiden autonomen italienischen Provinzen Bozen-Südtirol und Trentino (Abb. 11.1). Denn sie hat im Gegensatz zu den anderen EVTZ in den Alpen einen außerordentlich komplizierten historischen Hintergrund, der es mitunter nicht leicht machte, sich näherzukommen. Die lange Zeit währenden politischen Probleme zwischen den beiden beteiligten Staaten Österreich und Italien konnten schließlich erst durch eine grundsätzliche Einigung ausgeräumt werden. Diese Sondersituation macht es nötig, genauer auf diesen EVTZ, seine Charakteristika und seine Entwicklung einzugehen.

Die Originalversion des Kapitels wurde revidiert. Ein Erratum ist verfügbar unter: https://doi.org/10.1007/978-3-662-71245-0_13

© Der/die Autor(en), exklusiv lizenziert an Springer-Verlag GmbH, DE, ein Teil von Springer Nature 2025, korrigierte Publikation 2025
W. Kreisel, *Grenzüberschreitende Kooperation im Alpenraum*,
https://doi.org/10.1007/978-3-662-71245-0_11

Abb. 11.1 Die „Europaregion Tirol – Südtirol – Trentino". (Quelle: https://upload.wikimedia.org/wikipedia/commons/7/7b/Tirol-Suedtirol-Trentino.png. https://commons.wikimedia.org/wiki/File:Tirol-Suedtirol-Trentino.png)

11.1 Tirol – Südtirol – Trentino: Charakteristika – Gemeinsamkeiten und Unterschiede

Der EVTZ umfasst eine Gesamtfläche von 26.245 km². Davon entfallen auf das österreichische Bundesland Tirol 12.640 km², auf das Land Südtirol, die Autonome Provinz Bozen-Südtirol 7398 km² und auf die Autonome Provinz Trentino (Trient)

---

[1] Die „Europaregion" wird auch als „Euregio" bezeichnet. Die offiziellen Bezeichnungen der Mitglieder lauten: „Land Tirol", „Autonome Provinz Bozen-Südtirol" und „Autonome Provinz Trient"

11.1 Tirol – Südtirol – Trentino: Charakteristika – Gemeinsamkeiten und Unterschiede

Abb. 11.2 Der Latemar, ein 2842 m hoher Gebirgsstock in den Dolomiten an der Grenze von Südtirol und dem Trentino, im Vordergrund der Karersee. (Foto: Wolfgang Kreisel)

6207 km².[1] Die Europaregion hat heute 1,8 Mio. Einwohner und reicht in diesem zentralen Alpenraum von Bayern bis Norditalien, also vom Nordrand der Alpen bis zu ihrem Südrand. Sie stellt damit einen Übergangsraum zwischen Nord und Süd dar: Die klimatischen Bedingungen zeigen denn auch ebenso wie die Vegetation in den nördlichen Bereichen mitteleuropäische Züge, die südlichen hingegen werden von mediterranen Elementen bestimmt. Gleiches gilt für die Kulturlandschaft: So trägt beispielsweise die Architektur im Norden eher mitteleuropäischen Charakter, im Süden hingegen ist die mediterrane Bauweise vorherrschend.

Der Hochgebirgscharakter führt dazu, dass sich die Besiedlung auf die großen Täler des Inn, der Etsch, des Eisack und der Drau konzentriert. Das intensiv besiedelbare Gebiet beträgt nur etwa 10 % der Gesamtfläche, und über 85 % liegen über 1000 m Meereshöhe (Abb. 11.2). Die Täler sind gleichzeitig die bedeutendsten Wirtschaftszonen: Hier konzentrieren sich die intensiv genutzte Landwirtschaft ebenso wie die Standorte der Industrie. Die Berglandwirtschaft hat durch die jahr-

---

(„Land Tirolo", „Provincia Autonoma di Bolzano-Alto Adige" und „Provincia Autonoma di Trento"). Im deutschen Sprachgebrauch werden auch die Bezeichnungen „Land Tirol", „Land Südtirol", „Land Trentino", oder „Tirol", „Südtirol", „Trient" oder „Trentino" verwendet. Man spricht auch einfach von „Ländern" oder „Mitgliedsländern".

hundertelange Almwirtschaft die mittleren Bergregionen geprägt. Der Tourismus schließlich ist bis in die Höhenlagen vorgedrungen und hat diese für die Besucher erschlossen. Trotzdem sind weite Bereiche nicht bewohnbar. Das Gebiet weist mehrere günstige Nord-Süd-Verkehrsverbindungen auf und ist daher seit jeher ein wichtiger Durchgangsraum. Besonders über den Brenner (1374 m) fließt heute der Haupttransitverkehr zwischen Mittel- und Nordeuropa nach Südeuropa.

Die Europaregion kann auf eine lange gemeinsame geschichtliche Entwicklung zurückschauen. Sie entspricht in etwa der historischen Grafschaft „Tirol", einem ehemaligen „Passstaat", der sich um die wichtigen Alpenpässe dieser Region herum bildete und somit eine verbindende Funktion zwischen Nord und Süd ausübte. Heute trennt die Grenze zwischen Österreich und Italien, die nach der Niederlage Österreich-Ungarns im Ersten Weltkrieg gezogen wurde, die Europaregion: Durch den Vertrag von Saint-Germain wurden die südlichen Teile Tirols, also das überwiegend italienischsprachige „Welschtirol", aber auch das heutige, damals fast ausschließlich deutschsprachige „Südtirol" an Italien abgetreten, und die Staatsgrenze wurde am „Alpenhauptkamm" festgelegt. Das historisch gewachsene Territorium Tirol wurde dadurch geteilt. In der heutigen Europäischen Union spielen die Staatsgrenzen freilich keine wesentliche Rolle mehr. So ist die Staatsgrenze zwischen Österreich und Italien spätestens seit dem Schengener Abkommen praktisch bedeutungslos, ebenso wie natürlich die Grenze zwischen den beiden autonomen italienischen Provinzen Südtirol und Trentino.

In der „Europaregion Tirol – Südtirol – Trentino" treffen sich der germanische und der romanische Sprachraum: Das österreichische Bundesland Tirol ist deutschsprachig, die autonome Provinz Trentino fast ausschließlich italienischsprachig. In Südtirol hingegen stellt sich die sprachliche Situation anders dar: 68,61 % der Bevölkerung gehörten 2024 der deutschen, 26,96 % der italienischen, 4,41 % der ladinischen Sprachgruppe an.[2] Aus dieser Sondersituation ergaben sich die Probleme, die sich im Verlauf einer langen historischen Entwicklung im Spannungsfeld zwischen Österreich und Italien herausgebildet hatten. Diese mussten erst in jahrzehntelangen Verhandlungen ausgeräumt werden. Die zumindest im Grundsatz erfolgte Lösung der Südtirolfrage und die Regelung der ethnisch-sprachlichen Autonomie innerhalb Italiens war die Voraussetzung dafür, dass es überhaupt zur Gründung eines grenzüberschreitenden EVTZ zusammen mit Tirol und dem Trentino kommen konnte.

Die deutsche Sprachgruppe, die den größten Anteil an der Bevölkerung Südtirols stellt, geht historisch auf die Bajuwaren zurück, die zur Zeit der Völkerwanderung in Südtirol sesshaft wurden. Die zweitgrößte Sprachgruppe ist die italienische. Sie

---

[2] Die Personen, die im Besitz der italienischen Staatsbürgerschaft sind und ihren Wohnsitz in Südtirol haben, müssen ihre Zugehörigkeit zu einer der drei Sprachgruppen – also deutsch, italienisch oder ladinisch – erklären. Die Sprachgruppenzählung ist im Autonomiestatut verankert und dient der Berechnung der prozentuellen Zusammensetzung der drei Sprachgruppen in Südtirol. Das Ergebnis bildet die Grundlage für den ethnischen Proporz, u. a. die Verteilung der Stellen im öffentlichen Dienst, die Aufteilung der Landesgelder und die Vertretung der Sprachgruppen in Kollegialorganen des Landes.

11.1 Tirol – Südtirol – Trentino: Charakteristika – Gemeinsamkeiten und Unterschiede

ist die jüngste im Land. Die zahlenmäßig stärkste Entwicklung erfuhr sie in der Zeit des Faschismus in den 1920er- und 1930er-Jahren, als das faschistische Mussolini-Regime versuchte, durch die massive Zuwanderung aus dem Süden Südtirol einen „italienischen Charakter" zu geben. Die ladinische Sprachgruppe ist die älteste der Region. Es handelt sich um eine romanische Sprache, die nach der Eroberung der Alpen durch die Römer um das Jahr 15 v. Chr. aus dem Volkslatein entstanden ist. In einigen Tälern, in Gröden (ladinisch: Gherdëina; italienisch: Val Gardena) und im Gadertal (ladinisch und italienisch: Val Badia), wird heute noch überwiegend Ladinisch gesprochen.[3]

Bevölkerung Südtirols nach Sprachgruppen 2024[a]

	Absolute Zahlen	Prozent
Deutsch	309.000	68,51 %
Italienisch	121.520	26,96 %
Ladinisch	19.853	4,41 %
Insgesamt	450.373	100,00 %

Quelle: Autonome Provinz Bozen-Südtirol; Landesinstitut für Statistik. ASTAT, astat info 56, (Dezember 2024): Ergebnisse Sprachgruppenzählung – 2024, S. 14
[a]Die Zahlen des Jahres 2024 betreffen nur die in Südtirol ansässigen italienischen Staatsbürger, somit nicht die gesamte Wohnbevölkerung. Die Sprachgruppenzählung ist eine Vollerhebung

Seit 2018 erhebt das Istat (Istituto Nazionale di Statistica), in Zusammenarbeit mit dem Astat (Landesinstitut für Statistik, Südtirol), jährlich die wichtigsten sozio-ökonomischen Merkmale einer Stichprobe der Bevölkerung mit ständigem Wohnort im Land (Dauerzählung der Bevölkerung und der Wohnungen). 2022 betrug demnach die Gesamtwohnbevölkerung 534.147 Personen, davon waren 52.647 Ausländer (Autonome Provinz Bozen-Südtirol; Landesinstitut für Statistik. ASTAT (2022)): Die Dauerzählung der Bevölkerung in Südtirol. Stichtag für das Jahr 2024 war der 6. Oktober 2024. Die Zahl der Ausländer betrug 55.392 Personen (Autonome Provinz Bozen-Südtirol; Landesinstitut für Statistik. ASTAT (2024)): Statistisches Jahrbuch für Südtirol S. 108), „Andere" insgesamt 86.580 Personen (ib. S. 117)

Südtirol ist eine Autonome Provinz Italiens, die zahlreiche wichtige eigene Kompetenzen besitzt. Hierdurch soll der sprachlichen Sonderstellung innerhalb Italiens Rechnung getragen werden. Um das friedliche Zusammenleben der drei Sprachgruppen zu sichern, werden alle Sprachgruppen am politischen Entscheidungsprozess des Landes beteiligt: Deutsch und Italienisch sind im öffentlichen Leben gleichgestellt, zusätzlich ist Ladinisch in den ladinischen Gemeinden als Amtsspra-

---

[3] Auch in der Provinz Trentino wird in einigen Tälern Ladinisch gesprochen: im Fassatal (Fascia), im Nonstal (Val di Non) und im Val di Sole. Die ladinische Sprache wird in den Gemeinden des Fassatals auch an Schulen unterrichtet. Ferner gibt es im Trentino zwei Minderheitengruppen, die aufgrund ihrer Zuwanderung im Mittelalter einen deutschsprachigen Dialekt beibehalten haben. Es handelt sich um die kleinen zimbrischen und fersentalerischen (im Fersental, italienisch: Valle del Fersina oder Valle dei Mocheni) oberdeutschen Dialektinseln, die jedoch von immer weniger Personen aktiv gesprochen werden. Sowohl Zimbern als auch Fersentaler sind anerkannte Minderheiten. Zimbrische Sprachinseln gibt es außerdem in der Provinz Verona („dreizehn Gemeinden") und der Provinz Vicenza („sieben Gemeinden").
[4] Neben den drei Amtssprachen Deutsch, Italienisch und Ladinisch gibt es mittlerweile verschiedene Migrationssprachen.

che anerkannt.[4] Das Proporzprinzip ist die Grundregel der politischen Vertretung: Die Personalaufnahme in den öffentlichen Dienst (auf der Basis der Provinz, bzw. auf der Basis der Gemeinden) erfolgt so nach dem jeweiligen prozentualen Anteil der Sprachgruppen.

11.2 Das Problem der „Sprachgrenze" in der Europaregion Tirol – Südtirol – Trentino

In Südtirol weist der flächenmäßig weitaus überwiegende Teil des Landes eine klare deutschsprachige Mehrheit auf: 75 der 118 Gemeinden, vor allem im ländlichen Raum, sind zu über 90 % deutschsprachig. Andererseits gibt es Gemeinden, in denen die italienische Sprachgruppe eine sehr deutliche Mehrheit besitzt, wie in der Landeshauptstadt Bozen, wo sie beinahe drei Viertel der Bevölkerung stellt sowie in einigen Gemeinden im Südtiroler Unterland, wo sich zwischen 60 und 70 % als italienischsprachig erklären. Nur in den Tälern rund um den Sellastock sind mehr als 90 % der Bevölkerung ladinischsprachig. In Südtirol gibt es somit entgegen den beiden anderen Länder des EVTZ keine sprachlich homogene Bevölkerung: „In 102 der 118 Südtiroler Gemeinden ist die deutsche Sprachgruppe mehrheitlich vertreten. An erster Stelle rangiert die Gemeinde Moos in Passeier mit einem Anteil von 99,52 %. Gefolgt von Martell (99,12 %) und Mühlwald (99,10 %). Insgesamt beträgt der Anteil der deutschsprachigen Bevölkerung in 17 Gemeinden mehr als 98 %, in 55 Gemeinden liegt er über 95 %, und in 75 Gemeinden übersteigt er die 90 %-Marke. In acht Gemeinden ist die ladinische Sprachgruppe in der Mehrheit, und zwar in Wengen (96,45 %), St. Martin in Thurn (92,78 %), Enneberg (92,23 %), Abtei (91,67 %), St. Christina in Gröden (87,79 %), Wolkenstein in Gröden (87,18 %), Corvara (87,12 %) und St. Ulrich (79,75 %). 6 Gemeinden haben eine italienische Mehrheit. Dies sind Bozen (74,71 %), Leifers (74,47 %), Branzoll (63,46 %), Salurn an der Weinstraße (62,49 %), Pfatten (61,52 %) und Meran (51,37 %)."[5]

Die Frage, wo genau die „Sprachgrenze" zwischen Deutsch und Italienisch verläuft, ist schwierig zu beantworten. Oft wird sie an der „Salurner Klause" angesetzt. Jedoch befindet sich dort keine lineare Sprachgrenze, wo auf der einen Seite ausschließlich Deutsch und auf der anderen Seite ausschließlich Italienisch gesprochen wird. Denn in Südtirol ist, wie ausgeführt, heute ein Viertel der Bevölkerung italienischsprachig, und auch südlich der Salurner Klause gibt es deutsche Sprachinseln. Zwar bestehen in sprachlicher Hinsicht Schwerpunkte der beiden Sprachen, sichtbar am Überwiegen der deutschen Sprache im ländlichen Raum und der Konzentration der italienischen Sprachgruppe in und um Bozen. Jedoch überschneiden sich beide Sprachen etwa im Südtiroler Unterland, und es ist unmöglich, in ein-

---

[5] Autonome Provinz Bozen-Südtirol; Landesinstitut für Statistik. ASTAT, astat info 56, (Dezember 2024): Ergebnisse Sprachgruppenzählung – 2024, S. 9.

11.2 Das Problem der „Sprachgrenze" in der Europaregion Tirol – Südtirol – Trentino

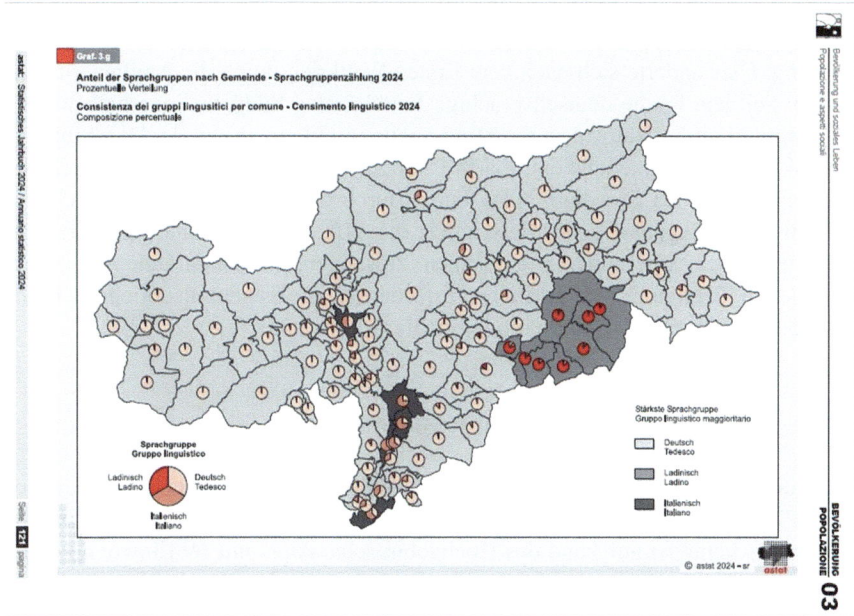

Abb. 11.3 Anteil der Sprachgruppen nach Gemeinde-Sprachgruppenzählung 2024. (Quelle: Autonome Provinz Bozen-Südtirol; Landesinstitut für Statistik. ASTAT (2024): Statistisches Jahrbuch für Südtirol; Annuario Statistico della Provincia di Bolzano: https://astat.provinz.bz.it/de/statistisches-jahrbuch.asp. S. 121)

zelnen zweisprachigen Gemeinden eine Trennungslinie anzusetzen (Abb. 11.3). Auch in der Landeshauptstadt Bozen mit ihrer italienischen Mehrheit kann man zwar Stadtviertel mit deutscher bzw. mit italienischer Mehrheit herausarbeiten, jedoch niemals eine Linie als Sprachgrenze definieren, da nirgendwo in einzelnen Stadtvierteln eine sprachlich völlig homogene Bevölkerung vorhanden ist. Der Fehler ist, dass häufig traditionell überkommene territoriale Grenzlinien als „Sprachgrenzen" herangezogen werden. Diese mögen zwar historisch bedeutsam sein, haben jedoch keinerlei Relevanz für die heutige Sprachverteilung.

Die Bevölkerung Südtirols ist heute also sprachlich differenziert.[6] Jedoch war auch das historische Tirol nie sprachlich einheitlich. Das nimmt nicht wunder, denn die Donaumonarchie, zu der Tirol gehörte, war seit jeher ein Vielvölkerstaat mit einer großen Zahl von verschiedenen Völkern und Sprachen, die jeweils einen Kernraum besaßen, sich an ihren Rändern jedoch mit benachbarten Sprachen überschnitten. So war Tirol immer zwei- bzw. dreisprachig, wenn auch die Sprachverteilung damals eine andere war als heute: Bis zur Angliederung an Italien waren die

---

[6] Die deutschsprachigen Südtiroler sind als „nationale Minderheit" anerkannt. Sie sind damit eine der über 300 nationalen Minderheiten mit rund 100 Mio. Angehörigen, die nach der „Föderalistischen Union Europäischer Volksgruppen" (FUEV) leben, der Dachvereinigung nationaler Minderheiten Europas in den 45 zu Europa gehörenden Staaten.

Italiener in Tirol in der Minderheit und konzentrierten sich auf den Süden Tirols, das sog. „Welschtirol"; Südtirol und Tirol waren damals fast ausschließlich deutschsprachig. Dies änderte sich nach dem Ersten Weltkrieg durch die Angliederung an Italien. Seitdem ist die deutschsprachige Bevölkerung Südtirols innerhalb Italiens eine Minderheit. In Südtirol ist die Minderheitenproblematik seit der Durchführung der Paketlösung weitgehend entschärft. Die deutsche Sprachgruppe ist völkerrechtlich gesichert, allen Sprachgruppen wurde durch die Autonomie ihre sprachliche und kulturelle Eigenart gewährleistet. Da die Minderheitenrechte gesichert sind, kann man sich nun anderen Bereichen zuwenden, in denen eine grenzüberschreitende Zusammenarbeit dringend erforderlich ist. Es geht also nicht mehr um nationale Abgrenzung, sondern um regionale Kooperation.

11.3 Kennzahlen der Europaregion

Die Gesamtbevölkerung der Europaregion beträgt 1.848.447 Einwohner (E), davon leben 771.304 E in Tirol, 534.147 E in Südtirol und 542.996 E im Trentino[7]: Die Bevölkerungsdichte ist aufgrund des Hochgebirgscharakters mit 69 Einwohnern/km^2 vergleichsweise gering, mit 59 E/km^2 in Tirol, 71 E/km^2 in Südtirol und 88 E/km^2 im Trentino. Die Zahl der Erwerbspersonen (15 Jahre und mehr) in Tirol beträgt 411.300, in Südtirol 269.200 und im Trentino 262.800. Dies entspricht einer Beschäftigungsquote (Bevölkerung 15-64 Jahre) von 77,8 % in Tirol, 74,1 % in Südtirol und 69,5 % im Trentino. Die Arbeitslosenquote liegt in allen drei Teilen sehr niedrig, in Tirol 3,2 %, in Südtirol 2,3 % und im Trentino 5,0 %. Dies bedeutet nahezu Vollbeschäftigung. Die Jugendarbeitslosenquote ist allerdings etwas höher. Das Bruttoinlandsprodukt pro Einwohner beträgt in Tirol 51.200 €, in Südtirol bei 54.500 € und im Trentino bei 44.300 €, das verfügbare Einkommen je Einwohner in Tirol 23.700 €, in Südtirol 24.400 € und im Trentino 20.300 €.

In allen drei Regionen ist der Sektor Handel, Verkehr, Gastgewerbe und Beherbergung am stärksten: Er stellt in Tirol 30,3 % der Erwerbstätigen, in Südtirol 31,4 % und im Trentino 24,8 %. Es folgt der Sektor der öffentlichen Verwaltung, Erziehung, Gesundheits- und Sozialwesen mit 25,6 % in Tirol, 21,7 % in Südtirol und 14,9 % im Trentino. Die Industrie stellt in Tirol 15,1 % der Beschäftigten, 14,7 % in Südtirol und 18,3 % im Trentino. Dabei handelt es sich z. T. um moderne hochtechnisierte Betriebe, in Südtirol ist dabei nach wie vor die Rolle der in faschistischer Zeit angesiedelten Großunternehmen zu berücksichtigen. Zahlenmäßig fällt noch das Baugewerbe ins Gewicht, das in Tirol 8,3 %, in Südtirol 7,4 % und im Trentino 5,9 % der Beschäftigten absorbiert. Weitere wissenschaftliche, technische

---

[7] Diese und die folgenden Zahlenangaben stammen von ASTAT: https://astat.provinz.bz.it/barometro/upload/statistikatlas/de/browser.html und beziehen sich auf das Jahr 2022, Aktualisierungsdatum 28.2.2024, sowie von Europaregion in Zahlen: https://www.google.com/search?client=firefox-b-e&q=europaregion+statistiken und von Europaregion Statistiken: https://www.google.com/search?q=europaregion+tirol+s%C3%BCdtirol+trentino+statistiken&client=firefox-b-e&sca_esv=00980f6df5fed681&ei=NJ8eZ.

und wirtschaftliche Dienstleistungen stellen 9,3 % in Tirol, 8,5 % in Südtirol und 4,0 % im Trentino. Die vergleichsweise niedrige Zahl der in der Landwirtschaft Tätigen (2,8 % in Tirol, 6,0 % in Südtirol und 4,0 % im Trentino) erklärt sich aus deren hohem Mechanisierungsgrad und spiegelt die nach wie vor große gesamtwirtschaftliche Bedeutung des Agrarsektor nicht wider. Deutlicher wird dies an der Zahl der landwirtschaftlichen Betriebe, die in Tirol 14.090 beträgt, in Südtirol 15.430 und im Trentino 8360. In Südtirol und im Trentino spielt der Wein- und Obstbau eine große Rolle.

Der bedeutendste Wirtschaftszweig ist in der gesamten Europaregion der Tourismus. Dies zeigt sich bei der Zahl der Beherbergungsbetriebe, die in Tirol 6780, in Südtirol 11.696 und im Trentino 3273 beträgt. Die besonders hohe Zahl in Südtirol erklärt sich aus der großen Zahl von familiengeführten Kleinbetrieben, die in den beiden anderen Landesteilen nicht im gleichen Maße vorhanden sind. Dementsprechend ist auch die Bettenzahl in Tirol trotz der geringeren Zahl an Betrieben mit 281.589 Betten größer gegenüber Südtirol mit 239.609 und dem Trentino mit 167.725 Betten. Das Trentino ist gegenüber den beiden anderen Teilen der Europaregion touristisch noch nicht im gleichen Maße entwickelt; die Anzahl der Betten ist daher geringer. Folglich ist auch die Anzahl der Ankünfte in Tirol mit Abstand am höchsten: 9.395.424 gegenüber Südtirol mit 7.930.448 und dem Trentino, das mit 4.484.001 Ankünften weniger als die Hälfte Tirols aufweist. Das Gleiche gilt für die Übernachtungen. Hier führt Tirol ebenfalls mit 35.505.093 Übernachtungen vor Südtirol mit 34.367.659 und dem Trentino mit 17.768.649. Die Übernachtungen pro tausend Einwohner sind in Südtirol am höchsten mit 64.526 vor Tirol mit 46.468 und dem Trentino mit 32.847.

11.4 Der Weg zum „Europäischen Verbund für territoriale Zusammenarbeit Tirol – Südtirol – Trentino"[8]

Die historische Region Tirol entspricht heute, wie gesagt, in etwa dem österreichischen Bundesland Tirol sowie den italienischen Provinzen Bozen-Südtirol und Trentino und erstreckt sich als zentraler Bereich der Alpen zwischen dem Bayerischen Alpenvorland und der Poebene. Hier befinden sich mit dem Brenner (1374 m), dem Reschen (1507 m) und dem Fernpass (1210 m) die am leichtesten zu überwindenden Alpenübergänge, die schon seit der Prähistorie wichtig waren und heute zu den am stärksten befahrenen Alpenquerungen gehören. Von der frühen Besiedlung Tirols zeugt z. B. der Fund der Gletschermumie von „Ötzi", der etwa 3200 v. Chr. lebte. Später sind rätische Stämme überliefert, die bereits Ackerbau, Viehzucht und Handel betrieben. Sie wurden schließlich von den Römern unterworfen (ca. 15 v. Chr.). Deren Motiv war dabei, die Kontrolle über die wichtigsten Alpenpässe und somit

---

[8] Die Ausführungen zur historischen Entwicklung Tirols folgen der grundlegenden Darstellung von Carlo Romeo (2022): Tirol Südtirol Trentino. Ein historischer Überblick.

Abb. 11.4 Das Schloss Tirol bei Meran war die Stammburg der Grafen von Tirol und die Wiege der Grafschaft Tirol. (Picture alliance/Shotshop/Bassi/260711776)

die Verkehrswege zwischen Italien, Germanien und Gallien zu gewinnen. Der Ausbau des Straßennetzes und die Sicherung der Pässe dienten dazu, den Verkehr durch die Alpen zu erleichtern. Die Folge der römischen Eroberung war zudem die sprachliche Romanisierung der Bevölkerung. In dieser Zeit übernahmen die in Tirol lebenden Räter das Vulgärlatein und verbanden es mit ihrer eigenen Sprache. Daraus wurde dann das noch heute gesprochene Ladinisch.

Während der Völkerwanderung wurden die Bajuwaren hier ansässig. Die Christianisierung erfolgte seit dem 6. Jahrhundert durch die Bistümer Brixen und Trient. Im Laufe des 12. und 13. Jahrhunderts schufen die Grafen von Tirol, ausgehend von Schloss Tirol bei Meran ein eigenes Territorium, die „Grafschaft Tirol", nachdem sie zunächst Vögte der geistlichen Herrschaften, also der Bischöfe von Brixen und Trient, gewesen waren (Abb. 11.4). Meinhard II., Graf von Tirol, Herzog von Kärnten und Graf von Görz gilt als Schöpfer des Landes Tirol. Die letzte Gräfin von Tirol, Herzogin Margarete „Maultasch", übergab 1363 das Land nach dem Tod ihres einzigen Sohnes Meinhard III. dem Habsburger Rudolf IV. dem Stifter.

Seitdem blieben die Habsburger – abgesehen von einem kurzen Intermezzo während der napoleonischen Zeit – bis zum Ende des Ersten Weltkriegs die Landesherren von Tirol. Um 1490 wurde Innsbruck Residenz von Kaiser Maximilian I. Tirol war für die Habsburger ein Bindeglied zwischen ihren Herrschaften im Osten und denen im Westen. Das Land wurde in der Folge immer wieder in Kriege, speziell gegen die Schweizer und die Republik Venedig einbezogen und geriet dadurch an die Grenzen seiner Ressourcen. Die Reformation fand auch in Tirol zahlreiche Anhänger. Unter ihnen waren auch die Wiedertäufer, die „Hutterer" (nach ihrem Gründer Jakob Hutter). Sie wurden in Tirol grausam verfolgt. Die Überlebenden gründeten in Mähren eigene Gemeinschaften. Das Land geriet zudem in den Sog der Bauernkriege. Die Reformen während der Regierungszeit Maria Theresias (1740-1780) und ihres Sohnes Josef II. (1780-1790) führte zu einem zentralistischeren System und einer Vereinheitlichung der Verwaltung. So sollte der „Theresianische Kataster" ein gerechteres und effizienteres Steuersystem gewährleisten. Das Toleranzedikt Josefs II. (1781) ermöglichte auch anderen Bekenntnissen als dem katholischen die private Ausübung ihrer Religion.

Nach dem Reichsdeputationshauptschluss 1803 und der Niederlage Österreichs gegen Napoléon wurde Tirol 1805 kurzfristig an Bayern abgetreten. 1806 legte Kaiser Franz II. den Titel „Römischer Kaiser" ab und nannte sich nun Franz I., Kaiser von Österreich. Der Aufstand der Tiroler unter Andreas Hofer gegen die Franzosen 1809 wurde nach anfänglichen Erfolgen schließlich niedergeschlagen, und Hofer wurde 1810 in Mantua erschossen. Der Wiener Kongress stellte die vorherigen territorialen Verhältnisse wieder her. Mit der Revolution von 1848 begannen dann Spannungen zwischen dem eher konservativen „Deutschtirol" und dem liberaleren „Welschtirol". Das Erstarken nationaler Ideen förderte im Trentino Strömungen, die für den Anschluss der unter österreichischer Herrschaft stehenden italienischsprachigen Gebiete Tirols an das „Mutterland" Italien eintraten. Besonders nach der Niederlage Österreichs gegen das mit Frankreich verbündete Königreich Sardinien in der Schlacht von Solferino 1859 und der österreichischen Niederlage gegen Preußen nach der Schlacht bei Königgrätz 1866, die eine Schwächung Österreichs bedeuteten, wurden diese Tendenzen der „Wiedervereinigung" der noch unter österreichischer Herrschaft stehenden italienischsprachigen Gebiete zu einem ernst zu nehmenden politischen Faktor. Auf der anderen Seite blieben pangermanistische Ideen auch in Tirol nicht ohne Widerhall. In den beiden letzten Jahrzehnten des 19. Jahrhunderts und bis zum Ersten Weltkrieg verschärften sich diese Konflikte. Sowohl deutsche als auch italienische nationale Vereinigungen hatten das Ziel, die jeweilige nationale Kultur gegen „Bedrohungen" der anderen Seite zu verteidigen.

Nachdem Italien bei Beginn des Ersten Weltkriegs mit den „Mittelmächten" Deutschland und Österreich im sogenannten „Dreibund", einem militärischen Defensivbündnis, verbunden war, trat es infolge eines Geheimabkommens mit den Alliierten 1915 an deren Seite in den Krieg ein: Die Entente hatte darin Italien Tirol bis zur Hauptwasserscheide sowie Triest, Görz, Istrien und Dalmatien zugesagt. Der Erste Weltkrieg hatte schwerwiegende Folgen für die Tiroler Bevölkerung. Zahllose Gefallene und Verwundete waren zu beklagen, Leid und Zerstörungen weithin die Folge. Der Erste Weltkrieg endete mit dem Zusammenbruch Österreich-Ungarns. Durch den Friedensvertrag von Saint-Germain kam das Gebiet südlich des Brenners 1919 an Italien: Nordtirol und Osttirol (das heutige Bundesland Tirol) verblieben bzw. gehörten fortan zur neuen Republik Österreich. Südtirol und Welschtirol, die bis auf wenige abgetrennte Gemeinden die heutige Autonome Region Trentino-Südtirol bilden, wurden im November 1918 militärisch besetzt und kamen 1919/1920 auch formal an Italien.

Damit wurde das bislang einheitliche Territorium Tirol zerrissen, die Funktion als Passstaat, der die wichtigsten Nord-Süd-Verbindungen in seinem Gebiet beinhaltete, war zu Ende: Brenner und Reschen wurden, statt Verbindungsglieder zwischen Nord und Süd zu sein, nun zu staatlichen Grenzen zwischen Österreich und Italien. Das 14-Punkte-Programm des amerikanischen Präsidenten Wilson, das die „Berichtigung der Grenzen *Italiens* nach den genau erkennbaren Abgrenzungen der Volksangehörigkeit" vorsah, wurde nicht realisiert, obwohl Südtirol zu diesem Zeitpunkt fast völlig deutschsprachig (bzw. in den Tälern rund um den Sellastock ladinischsprachig) war.

Direkt nach dem Ersten Weltkrieg begann die Italianisierung Südtirols, die nach der Machtergreifung Mussolinis und der Faschisten in Italien intensiviert wurde. In der Verwaltung und vor Gericht war nur die italienische Sprache zugelassen, die Ortsnamen wurden sämtlich ins Italienische verwandelt. Italienisch wurde zudem systematisch die erste Unterrichtssprache in den Schulen. Durch gezielte Wohnbau- und Industrialisierungspolitik versuchte der italienische Staat, die deutsch- und ladinischsprachige Bevölkerung durch verstärkten italienischen Zuzug zur Minderheit innerhalb Südtirols zu machen. Dazu dienten insbesondere in den 1930er-Jahren die Schaffung der Bozner Industriezone und die Ansiedlung von Großkonzernen aus der Lombardei (Stahlwerk Falck, Automobil- und Lastkraftwagenfabrik Lancia, Magnesiumwerk).

Wirtschaftlich gesehen, war dieser Standort denkbar ungeeignet und konnte nur durch intensive staatliche Unterstützung wie Subventionen und Steuererleichterungen aufrechterhalten werden. Die für solche Industrieunternehmen erforderlichen Arbeitskräfte waren in Südtirol nicht vorhanden. Zudem bestand keinerlei industrielle Tradition im Lande. Daher forcierte man gezielt die massenhafte Zuwanderung von industriellen Arbeitskräften aus Mittel- und Norditalien nach Südtirol, insbesondere nach Bozen. Hierauf beruht die Tatsache, dass Bozen heute im Gegensatz zum restlichen Südtirol eine starke italienischsprachige Mehrheit aufweist. Die Industrialisierung war jedoch nicht das politische Hauptziel: Man wollte vielmehr auf diesem Wege die sprachliche Situation Südtirols grundlegend verändern und eine auch in sprachlicher Hinsicht „italienische" Region schaffen. Dies ist zwar bis heute nicht gelungen, aber bis in die 70er-Jahre des 20. Jahrhunderts stellte die italienische Sprachgruppe etwa ein Drittel der Gesamtbevölkerung Südtirols dar. Seitdem nimmt sie etwas ab und umfasst heute etwa ein Viertel der Südtiroler Bevölkerung. Diese Tendenz geht mit einer leichten Zunahme der deutschsprachigen Personen und einer weiteren leichten Abnahme der italienischsprachigen Bevölkerung weiter (Abb. 11.5).

Durch die Machtergreifung der Nationalsozialisten in Deutschland und den „Anschluss" Österreichs an das Deutsche Reich vertieften sich die Gräben zwischen Nord- und Südtirol: Im Abkommen zwischen Hitler und Mussolini 1939 wurde die Grenze zwischen „Großdeutschland" und Italien, also auch jene zwischen Tirol und Südtirol, am Brennerpass besiegelt. Zur Lösung der „Südtirolfrage" wurde schließlich ein Umsiedlungsabkommen geschlossen, die sogenannte „Option", in der die

11.4 Der Weg zum „Europäischen Verbund für territoriale Zusammenarbeit… 117

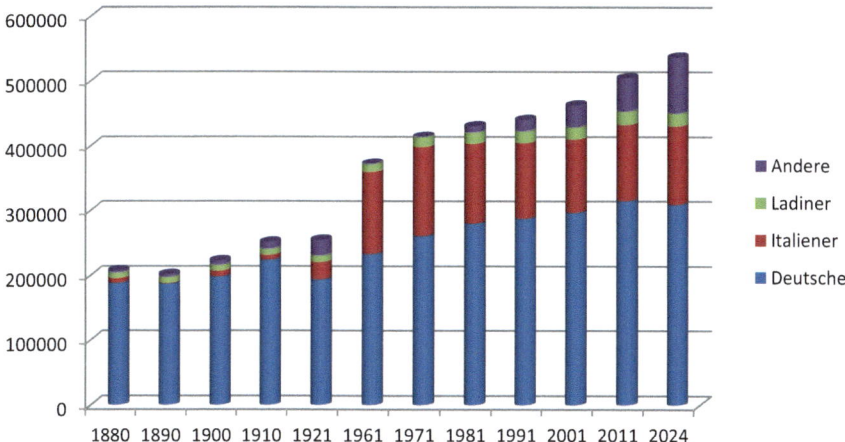

Abb. 11.5 Wohnbevölkerung Südtirols nach Sprachgruppen 1880–2024. (Quelle: Autonome Provinz Bozen-Südtirol; Landesinstitut für Statistik. ASTAT, (2021): Südtirol in Zahlen; Tabelle 11: Bevölkerung und soziales Leben: Südtirol nach Sprachgruppe laut Volkszählungen von 1880-2011, S. 19; Autonome Provinz Bozen-Südtirol; Landesinstitut für Statistik. ASTAT, astat info 56, Dezember 2024, S. 5. Autonome Provinz Bozen-Südtirol; Landesinstitut für Statistik. ASTAT (2024): Statistisches Jahrbuch für Südtirol, S. 117). „Die Zahlen für die Jahre bis einschließlich 1921 beziehen sich auf die anwesende Bevölkerung, jene für die Jahre 1961, 1971 und 1981 auf die Wohnbevölkerung, jene für die Jahre 1991, 2001, 2011 und 2024 auf die Sprachgruppenerklärungen. In den Jahren bis 1961 wurde die Umgangssprache erhoben, in den Jahren 1971 und 1981 die Zugehörigkeit zu einer Sprachgruppe und in den Jahren 1991, 2001, 2011 und 2024 die Zugehörigkeit oder Angliederung zu einer Sprachgruppe. Unter „Andere" fallen in den einzelnen Jahren stets verschieden definierte Personengruppen: 1880: die „Einheimischen" mit einer anderen Umgangssprache und die „Nichteinheimischen"; dasselbe gilt für 1890 und 1900; 1910: die Staatsangehörigen mit einer anderen Umgangssprache und die Nicht-Staatsangehörigen; 1921: die Ausländerinnen und Ausländer; 1961: alle Ansässigen mit einer anderen Umgangssprache; 1971: alle Ansässigen, die sich zu keiner der drei Sprachgruppen zugehörig erklärten; 1981: die ansässigen Inländerinnen und Inländer ohne gültige Erklärung der Sprachgruppenzugehörigkeit und die ansässigen Ausländerinnen und Ausländer; 1991: die ungültigen Erklärungen, die zeitweilig abwesenden Personen und die ansässigen Ausländerinnen und Ausländer; 2001: die ungültigen Erklärungen, die zeitweilig abwesenden Personen und die ansässigen Ausländerinnen und Ausländer; 2011: die ungültigen Erklärungen, die zeitweilig abwesenden Personen und die ansässigen Ausländerinnen und Ausländer; 2024: die ungültigen Erklärungen, die zeitweilig abwesenden Personen und die ansässigen Ausländerinnen und Ausländer." (Autonome Provinz Bozen-Südtirol; Landesinstitut für Statistik. ASTAT (2024): Statistisches Jahrbuch für Südtirol, S. 116)

deutsch- und ladinischsprachige Bevölkerung vor die Wahl gestellt wurde, in das Deutsche Reich abzuwandern oder ohne ethnischen Minderheitenschutz in ihrer Heimat zu bleiben und assimiliert zu werden. Etwa 75.000 Menschen zogen ins Deutsche Reich, viele davon kehrten später zurück, da die versprochenen Lebensbedingungen – etwa ein geschlossenes Siedlungsgebiet – infolge der sich anbahnenden Niederlage Deutschlands im Zweiten Weltkrieg nicht mehr gegeben waren. Nach der Entmachtung Mussolinis und dem Abschluss eines Waffenstillstands zwischen Italien und den Alliierten besetzten die Deutschen einen Teil

Italiens und dabei auch Tirol. Nach dem Rückzug der Deutschen kam das Land unter aliierte Verwaltung.

1946 erfolgte dann der erste Schritt zu einer Gleichberechtigung der deutschsprachigen Südtiroler: Als Grundlage für ein Autonomiestatut für Südtirol und das Trentino wurde zwischen Österreich und Italien der „Pariser Vertrag" ausgehandelt („Gruber-De-Gasperi-Abkommen" nach dem österreichischen Außenminister Gruber und dem italienischen Ministerpräsidenten De Gasperi). Das Gruber-De-Gasperi-Abkommen wurde als Anhang auch in den Friedensvertrag Italiens mit den Alliierten aufgenommen. Darin wurde die Schutzfunktion Österreichs für Südtirol verankert, die bis heute von der österreichischen Bundesregierung ausgeübt wird. Dieses „Erste Autonomiestatut", das eine Sonderstellung der Region innerhalb des italienischen Staatsverbandes begründete, übertrug 1948 wesentliche Teile der autonomen Kompetenzen der mehrheitlich italienischsprachigen Region „Trentino-Alto Adige" („Trentino-Tiroler Etschland") und nicht jeweils den beiden diese Region bildenden Provinzen Bozen und Trient.

Von Italien aus gesehen, war dies ein kluger Schachzug der italienischen Regierung. Denn sie gewährte einerseits eine Autonomie, gestaltete sie aber so, dass den Wünschen der deutschsprachigen Südtiroler nicht Rechnung getragen wurde. Denn durch die Einbeziehung des *Trentino* (Provinz Trient) wurde von Seiten der italienischen Zentralregierung in der Region bewusst eine italienischsprachige Bevölkerungsmehrheit geschaffen (den ca. 200.000 deutschsprachigen Südtirolern standen ca. 500.000 italienischsprachige Einwohner gegenüber), um den politischen Entscheidungsspielraum deutschsprachiger Parteien vor Ort zu limitieren. Das bedeutete, dass die deutschsprachigen Südtiroler ihre Interessen hinsichtlich eines tatsächlichen Minderheitsschutzes in ethnisch-sprachlicher Hinsicht gegenüber einer deutlichen italienischsprachigen Mehrheit keineswegs durchsetzen konnten. Andererseits wird man wohl einräumen müssen, dass Österreich unter den damaligen politischen Verhältnissen das erreicht hatte, was zu dieser Zeit möglich war.

Jedenfalls wurden die deutschsprachigen Südtiroler in eine Minderheitenposition gebracht. Dies führte zu Protesten in Südtirol: Am 17. November 1957 versammelten sich etwa 35.000 Südtiroler auf Schloss Sigmundskron in der Nähe von Bozen. Es war die größte Protestveranstaltung, die jemals in Südtirol stattgefunden hat. Die Forderung lautete: „Los von Trient!", d. h. eine eigene Autonomie für Südtirol und nicht im Rahmen der Region. Die anschließenden Gespräche zwischen Österreich und Italien blieben ohne Ergebnis. Daher wurde die Südtirolfrage im Jahr 1960 durch den damaligen österreichischen Außenminister Bruno Kreisky vor die UNO-Generalversammlung gebracht. Die Vereinten Nationen verabschiedeten am 31. Oktober 1960 eine Resolution, die Italien und Österreich aufforderte, auch weiterhin an einer „Lösung aller strittigen Fragen im Zusammenhang mit der Durchführung des Pariser Vertrages vom 5. September 1946" zu arbeiten.

Das aufgeheizte Klima veranlasste separatistisch gesinnte Südtiroler, durch Bombenattentate eine Loslösung Südtirols von Italien zu erzwingen („Befreiungsausschuss Südtirol", BAS). Der Höhepunkt dieser Aktionen war die „Feuernacht" vom 12. Juni 1961, in der in ganz Südtirol Hochspannungsmasten gesprengt wurden und ein Mensch den Tod fand. Bei nachfolgenden Attentaten wurden weitere Menschen getötet. Trotzdem wurde weiterverhandelt, „ … und am Ende – trotz Terroranschlägen und zahlreicher Toten – stand das, was als „Paket" (sc. das „Zweite Autonomiestatut") in die Geschichte eingegangen ist. Dieses „Paket" war die Summe der Zugeständnisse Italiens zur Erweiterung der durch das Autonomiestatut von 1948 nicht ausreichend gewährten Autonomie für Südtirol. Es enthielt 137 Maßnahmen; für den Fall der Erfüllung dieses „Pakets" verpflichtete sich Österreich, eine Streitbeilegungserklärung vor der UNO abzugeben."[9]

In diesem „Zweiten Autonomiestatut", auf das sich 1972 Österreich und Italien einigten, wurden die Befugnisse der Region eingeschränkt; sie besitzt heute nur noch eine koordinierende Funktion zwischen den Provinzen. Stattdessen erhielten nun die Provinzen Bozen-Südtirol und Trentino entscheidende Kompetenzen der Selbstverwaltung. Österreich und Italien vereinbarten einen „Operationskalender" für die Erfüllung sämtlicher Durchführungsbestimmungen der neuen Autonomie. Es dauerte jedoch bis 1992, bis die anstehenden Fragen gelöst waren, und Österreich schließlich nach Zustimmung der Südtiroler und Tiroler Politiker eine „Streitbeilegungserklärung" an Italien und an die Vereinten Nationen richtete.

Zuständigkeiten des Landes Südtirol nach dem Zweiten Autonomiestatut
Aus: Südtiroler Landesregierung, Agentur für Presse und Information (Hrsg.) (2024): Südtirol Handbuch mit Autonomiestatut, S. 208-212.

Das Zweite Autonomiestatut übertrug dem Land Südtirol die Gesetzgebungs- und Verwaltungszuständigkeit in vielen Sachgebieten. Die Unterscheidung zwischen primären, sekundären und tertiären Zuständigkeiten beruht auf den unterschiedlichen Einschränkungen, denen die Ausübung der Zuständigkeiten unterliegt …

I. Die *Primären Zuständigkeiten* stellen den obersten Ausdruck der Gesetzgebungsautonomie des Landes dar. Es handelt sich um Bereiche, in denen das Land die Gesetzgebungsbefugnis nicht mit dem Staat teilen muss. Die Bereiche primärer Zuständigkeit laut Katalog im Autonomiestatut sind u. a.:

1. Ordnung der Landesämter und des zugeordneten Personals
2. Ortsnamengebung, mit der Verpflichtung zur Zweisprachigkeit im Gebiet der Provinz Bozen
3. Schutz und Pflege der geschichtlichen, künstlerischen und volklichen Werte
4. örtliche Sitten und Bräuche sowie kulturelle Einrichtungen …

---

[9] Steiniger, Rolf (2010): Die Südtirolfrage, S. 189. Siehe dort einen Überblick über die gesamte Entwicklung Südtirols bis zur Autonomie.

5. Raumordnung und Bauleitpläne
6. Landschaftsschutz
...
9. Handwerk
10. geförderter Wohnbau, der ganz oder teilweise öffentlich-rechtlich finanziert ist ...
...
17. Straßenwesen, Wasserleitungen und öffentliche Arbeiten im Interessenbereich der Provinz
18. Kommunikations- und Transportwesen im Interessenbereich der Provinz ...
...
20. Fremdenverkehr und Gastgewerbe ...
21. Landwirtschaft, Forstwirtschaft ...
25. öffentliche Fürsorge und Wohlfahrt
....
27. Schulfürsorge für jene Zweige des Unterrichtswesens ...
29. Berufsertüchtigung und Berufsausbildung

Durch die Verfassungsreform vom 18. Oktober 2001 sind ... die primären Zuständigkeiten für Industrie (insgesamt) sowie für jeden anderen Bereich (ausgenommen die Zuständigkeiten der Region), der nicht ausdrücklich von der Verfassung dem Staat vorbehalten ist, neu hinzugekommen ...
II. Die *Sekundären Zuständigkeiten* unterliegen ... der Einhaltung der von der staatlichen Gesetzgebung vorgegebenen grundlegenden Prinzipien, ... der Staat (regelt) das Grundsätzliche, das Land die Details. Der Spielraum des Landes ist im Verhältnis zu jenem der primären Befugnisse weniger weit. Die Bereiche sekundärer Zuständigkeit laut Katalog im Autonomiestatut sind u. a.:

1. Ortspolizei in Stadt und Land
2. Unterricht an Grund- und Sekundarschulen ...
3. Handel
...
8. Förderung der Industrieproduktion
...
10. Hygiene und Gesundheitswesen, einschließlich der Gesundheits- und Krankenhausfürsorge
...

III. Die *Tertiären Zuständigkeiten* sind auf die „Ergänzung der staatlichen Gesetzesbestimmungen" beschränkt.

Das Autonomiestatut löste somit die grundsätzlichen Fragen. Seine detaillierte Umsetzung war jedoch komplizierter und wurde bis zur Gegenwart mit zahlreichen Durchführungsbestimmungen geregelt.[10] Die Grundlagen des Minderheitenschutzes als das wesentlichste Anliegen sind jedenfalls durch das Paket gesetzlich und völkerrechtlich gesichert worden. Eine große Anzahl von praktischen Maßnahmen nach 1992 befasste sich mit der konkreten Umsetzung und dem Ausbau der Autonomie, insbesondere des Proporzes bei staatlichen Stellen und privatisierten öffentlichen Körperschaften in Südtirol.

Wichtig war u. a. das Verfassungsgesetz Nr. 2/2001, das in Artikel 4 ausdrücklich die Region Trentino-Südtirol betrifft. Es brachte die Prioritätenverlagerung der Organe von der Region zu den Ländern. Südtirol und das Trentino erhielten eine eigene Wahlgesetzgebung und Satzungsbefugnis, und es sind nunmehr die Landtage von Südtirol und Trentino, die zusammen den Regionalrat bilden und nicht umgekehrt, wie es bis zur Verfassungsreform der Fall war. Damit wurden die Länder auch formell auf- und die Region entscheidend abgewertet, eine jahrzehntelange Forderung der Südtiroler. Zusätzlich wurden die Vertretungsrechte der Ladiner in beiden Provinzen festgeschrieben und die Instrumente der direkten Demokratie gestärkt, insgesamt also ein sehr vorteilhaftes Gesetz für die Autonomie Südtirols.

Als „Kernbereiche der Autonomie und des Minderheitenschutzes" gelten der „ethnische Proporz", die Zweisprachigkeit im öffentlichen Dienst und der Schulunterricht in der Muttersprache.[11] Diese Desiderate sind inzwischen mehr oder weniger erreicht. Der ethnische Proporz stellt eine Regelung dar, die bei der Vergabe von Arbeitsplätzen im öffentlichen Dienst, bei der Verteilung von öffentlichen Sozialleistungen und von finanziellen Mitteln des Landeshaushalts zur Anwendung kommt. Er garantiert eine proportionale Berücksichtigung der drei anerkannten Sprachgruppen (Deutsch, Italienisch, Ladinisch) gemäß der in Volkszählungen erhobenen Stärke, die in regelmäßigen Intervallen, inzwischen als jährliche Stichproben, durchgeführt werden. Der Proporz beinhaltet somit, dass Stellen bei staatlichen und privatisierten öffentlichen Körperschaften in Südtirol nach dem Anteil der Sprachgruppen besetzt werden sollen. Der Proporz und die gleichberechtigte Teilnahme der Volksgruppen am öffentlichen Leben bewirken auch, dass die Zusammensetzung der Landesregierung der Stärke der Sprachgruppen entsprechen muss, wie diese im Landtag vertreten sind. Der ladinischen Sprachgruppe kann die Vertretung im Landtag auch in Abweichung vom Proporz zuerkannt werden.

---

[10] Über die Inhalte des Autonomiepakets und die daran anschließenden Entwicklungen in den 50 Jahren seit der Streitbeilegungserklärung informiert in allen Details der folgende Sammelband: Obwexer, Walter / Happacher, Esther (Hrsg.) (2023): Südtirols Autonomie gestern, heute und morgen: 50 Jahre Zweites Autonomiestatut: Rück-, Ein- und Ausblick. Grenz-Räume, 4). Baden-Baden: Nomos Verlagsgesellschaft mbH & Co. https://doi.org/10.5771/9783748917557 396 S. Darin finden sich die Beiträge von: Ambrosi, Andrea; Brugger, Siegfried; Cosulich, Matteo; D'Orlando, Elena, Coppola, Paolo; Falkensteiner, Sigrun; Garber, Martha; Happacher, Esther; Matha, Thomas; Obwexer, Walter; Postal, Gianfranco; Stocker, Martha; Tichy, Helmut; Toniatti, Roberto; Valdesalici, Alice; und Zeller, Karl.

[11] Stocker, Martha (2023): Vom Paket zu seiner Umsetzung - Einige Meilensteine, S. 23 ff.

Die Tätigkeit im öffentlichen Dienst sieht zudem die Kenntnis beider Landessprachen (und regional eingeschränkt des Ladinischen) vor. Hier hatten die italienischsprachigen Beschäftigten dominiert, und die konkrete Umsetzung der Vorgaben des Proporzes war daher nicht einfach. Sie wurde jedoch als Notwendigkeit angesehen, um die Gleichstellung der Deutschsprachigen und der Ladiner im öffentlichen Dienst zu erreichen, wo sie vordem extrem unterrepräsentiert waren. Von großer Bedeutung sind zudem weitere Sprachenbestimmungen, besonders die Verwendung der deutschen Sprache bei Gericht, die in den Jahren seit 1992 entscheidend ausgebaut und verbessert werden konnten und dadurch erst die faktische Gleichstellung der deutschen Sprache mit der italienischen bei Gericht ermöglichten. Um den Proporz auf eine stabile Grundlage zu stellen, wurden Bestimmungen zur Volkszählung und damit verbunden zur Erklärung der Zugehörigkeit zu einer der drei Sprachgruppen erlassen.

Geregelt ist auch der Schulunterricht in der Muttersprache: Es gibt in Südtirol drei parallel agierende Schulsysteme, also drei verschiedenen Schulämter, die sich jeweils um die Belange einer der drei Sprachgruppen kümmern. Vor dem Hintergrund der Geschichte des Landes ist es eindeutig, dass das Recht auf muttersprachlichen Unterricht einen Grundstein in der Südtiroler Bildungslandschaft darstellt. Die Bildung in der Muttersprache gilt als „Eckpfeiler der Autonomie". Der Unterricht in den Kindergärten, Grund- und Sekundarschulen wird in der Muttersprache der Schüler, das heißt in italienischer oder deutscher Sprache, von Lehrkräften erteilt, für welche die betreffende Sprache ebenfalls Muttersprache ist. In der Grundschule und in den Sekundarschulen ist der Unterricht in der zweiten Sprache Pflicht; er wird von Lehrkräften erteilt, für die diese Sprache die Muttersprache ist. Die ladinische Sprache wird in den Kindergärten verwendet und in den Grundschulen der ladinischen Ortschaften gelehrt. Dort dient diese Sprache auch als Unterrichtssprache in den Schulen jeglicher Art und jeglichen Grades. In diesen Schulen wird der Unterricht auf der Grundlage gleicher Stundenzahl und gleichen Enderfolges in Italienisch und in Deutsch erteilt. Als Meilenstein gilt zudem die rechtliche Verankerung einer Hochschule in Südtirol, die 1997 zur Gründung der „Freien Universität Bozen" führte. Mit Einrichtung der „Europäischen Akademie" (EURAC) wurde eine heute international anerkannte Forschungsinstitution in Südtirol aufgebaut.

Zahlreiche weitere Zuständigkeiten und Handlungsspielräume, die ursprünglich gar nicht im Zweiten Autonomiepakt enthalten waren, sind inzwischen im Verkehrswesen, bei der Finanzverwaltung etc. für Südtirol und das Trentino hinzugekommen.[12] Als Außenstehender ist man im Grunde erstaunt, was alles in der Autonomie Südtirols erreicht worden ist, selbst wenn von mancher Seite auf mögliche „Fallstricke" für die Zukunft hingewiesen und betont wird, dass man in jedem Fall Aufmerksamkeit walten lassen müsse, um die bisherigen Erfolge der Autonomie nicht zu gefährden. Es gibt kaum andere vergleichbare Gebiete, die Vergleichbares erreicht haben (vielleicht die Ålandinseln in Finnland oder die Deutschsprachige Gemeinschaft in Belgien).

---

[12] Cosulich, Matteo (2023): Autonome Handlungsspielräume Südtirols in Gesetzgebung und Verwaltung: ausreichend abgesichert oder (zu) leicht einschränkbar?

Die Minderheitenproblematik scheint somit großenteils entschärft zu sein. Im Zuge der europäischen Integration und durch den Beitritt Österreichs und Italiens zum *Schengen-Raum* verschwanden alle Grenzkontrollen, und durch die Einführung der Gemeinschaftswährung *Euro* wuchs die Region des alten Tirols wieder zusammen. Man besann sich auf die frühere territoriale Einheit Tirols und sah sie als Vorbild für eine Intensivierung der regionalen Zusammenarbeit. Südtirol ist heute lagemäßig der zentrale Bereich der Europaregion und das Bindeglied zwischen den beiden anderen Mitgliedern.

11.5 Die Schritte zur Gründung der „Europaregion Tirol – Südtirol – Trentino" als „Europäischer Verbund für territoriale Zusammenarbeit" (EVTZ)

Trotz der seit 1919 bestehenden neuen Staatsgrenze zwischen Österreich und Italien blieben zahlreiche geographische, wirtschaftliche und kulturelle Gegebenheiten über die Staatsgrenzen hinweg bestehen. Das Bestreben der drei „Länder" nach grenzüberschreitender Zusammenarbeit musste zunächst ohne Rechtsgrundlage erfolgen. Es bestand jedoch bereits längere Zeit die Absicht, die Zusammenarbeit der geteilten Tiroler Landesteile in Österreich (Nord- und Osttirol, heute Bundesland Tirol) und in Italien zu fördern. Ernsthafte Überlegungen zu einer „Europaregion Tirol" begannen in den letzten Jahrzehnten des 20. Jahrhunderts. Dieses Konzept zielte zunächst auf eine Wiedervereinigung der beiden Landesteile Nord- und Südtirol durch Selbstbestimmung auf ethnisch-sprachlicher Basis ab. Dahinter stand die Sorge der deutschsprachigen Bevölkerung in Südtirol, dass ihre Sonderstellung innerhalb des italienischen Staates nicht gesichert sei, und diese am besten durch eine engere Zusammenarbeit mit Nordtirol gewährleistet sein würde. Eine sprachgruppenübergreifende Kooperation stand dabei zunächst nicht zur Debatte; anfänglich wäre das Trentino von einer solchen Europaregion ausgeschlossen gewesen.

Man hatte dabei jedoch nicht berücksichtigt, dass es in einem solchen Verbund eben keine ethnisch-sprachliche Homogenität gegeben hätte und eine Europaregion auf der Grundlage einer sprachlichen Einheitlichkeit unmöglich war. Denn in Südtirol waren zwar zwei Drittel der Bevölkerung deutschsprachig und hätten gegebenenfalls durch „Selbstbestimmung" eine solche Konstruktion unterstützt. Jedoch war ein Drittel der Südtiroler Bevölkerung italienischsprachig und wäre durch eine Europaregion benachteiligt worden, welche die ethnisch-sprachliche Komponente in den Vordergrund stellte. Eine eventuelle Grenzrevision kam im Übrigen weder für Italien noch für Österreich wegen unabsehbarer künftiger staatsrechtlicher Konsequenzen nicht in Frage.

Zudem hatte die Streitbeilegungsklausel Österreichs dokumentiert, dass die wesentlichen Maßnahmen des Südtiroler Autonomiepakets durchgeführt seien. Die sprachliche und kulturelle Eigenart der deutschsprachigen Südtiroler war damit gesichert, und die Probleme waren seitdem entschärft. So verlagerte sich die Diskussion auf eine andere Basis, nämlich die „Zusammengehörigkeit" des alten gemeinsamen Territoriums „Tirol", zu dem natürlich auch das Trentino, also die

Autonome Provinz Trient gehörte. Diese neue Europaunion war nun nicht mehr ethnisch/sprachlich definiert, sondern mehrsprachig und betonte nicht mehr den Grenzcharakter zwischen „deutsch" und „italienisch", sondern das Verbindende zwischen Nord und Süd, zwischen Mittel-/Nord- und Südeuropa, das sich in diesem neuen regionalen Gebilde ganz natürlich manifestierte. Damit fand sie wieder Anschluss an die frühere Funktion des „alten Tirol". Die Überzeugung hatte sich zudem durchgesetzt, dass die Herausforderungen der Zukunft, sei es im Bereich Mobilität, Transit, Digitalisierung oder Klimawandel, nicht vor Landes- oder Staatsgrenzen Halt machen dürften, und dass eine Zusammenarbeit unbedingt sinnvoll sei, um Ressourcen zu bündeln und Probleme gemeinsam lösen zu können. Zwischenzeitliche Spannungen in Südtirol, wo von Seiten italienischsprachiger Parteien befürchtet wurde, das Projekt „Europaregion" sei eine rein „deutsche" Angelegenheit mit dem Ziel der Wiedervereinigung Südtirols mit Tirol, konnten durch die Einbeziehung des Trentino entkräftet werden (Vgl. Pallaver 2000).

Bereits seit 1991 finden gemeinsame Sitzungen des Tiroler Landtags, des Südtirolers Landtags und des Landtags der Autonomen Provinz Trient statt. Diese „Dreierlandtage" haben das Ziel, die wirtschaftlichen, kulturellen und politischen Beziehungen zu verbessern. Die Abgabe der Streitbeilegungserklärung zur Südtirolfrage von Seiten Österreichs vor der UNO 1992 und die Aufnahme Österreichs in die EU im Jahr 1995 eröffnete ein neues Kapitel der Beziehungen zwischen Österreich und Italien. Der Wegfall der Grenzkontrollen am Brenner und die Einführung des Euro waren für den Austausch zwischen Tirol, Südtirol und Trentino besonders förderlich. Die Länder Tirol, Südtirol und Trentino trafen sich dabei zunächst ohne ausdrückliche völkerrechtliche Grundlage weiterhin auf informeller Ebene und stimmten Themen und Projekte im Rahmen der jeweiligen Kompetenzen ab.

Im europäischen Reformvertrag von Lissabon aus dem Jahr 2007 wurden schließlich die Weichen gestellt, die die Institutionalisierung der „Europaregion Tirol – Südtirol – Trentino" ermöglichten. Die Zusammenarbeit zwischen einzelnen Gebietskörperschaften und Behörden in der EU konnte nun in Form eines „Europäischen Verbundes für territoriale Zusammenarbeit" (EVTZ) rechtskräftige Gestalt annehmen. Im Oktober 2009 sprachen sich die drei Landesregierungen sowie der Dreierlandtag einstimmig für die Institutionalisierung der Zusammenarbeit aus. Die Gründungsverträge, Übereinkunft und Satzung der „Europaregion Tirol – Südtirol – Trentino" / „Euregio Tirolo – Alto Adige – Trentino" wurden am 14. Juni 2011 auf Castel Thun im Trentino von den damaligen Landeshauptleuten Günter Platter (Tirol), Luis Durnwalder (Südtirol) und Lorenzo Dellai (Trentino) feierlich unterzeichnet, und am 13. September 2011 wurde die Europaregion in das europäische Register der EVTZ als 21. „Europäischer Verbund für territoriale Zusammenarbeit" aufgenommen (Abb. 11.6).[13] Die Institutionalisierung eröffnet neue Möglichkeiten

---

[13] Europaregion, EVTZ-Statut: https://www.google.com/search?client=firefox-b-e&q=%C3%9CBE-
REINKUNFT%C3%9CBER+DIE+ERRICHTUNG+DESEUROP%C3%84ISCHEN+VER-
BUNDESF%C3%9CR+TERRITORIALEZUSAMMENARBEIT%E2%80%9EEUROPARE-
GION+TIROLS%C3%9CDTIROL-TRENTINO%E2%80%9C.

Abb. 11.6 Logo der „Europaregion Tirol – Südtirol – Trentino". (Mit freundlicher Genehmigung des Gemeinsamen Büros des „EVTZ Europaregion Tirol – Südtirol – Trentino")

Abb. 11.7 Das „Goldene Dachl" in Innsbruck. (© Bildagentur-online/Widmann/picture alliance/22864662)

für die Kooperation der drei Länder (Abb. 11.7, 11.8, 11.9 und 11.10). Sie konzentriert sich auf die Tätigkeitsfelder Kommunikation, Kultur, Bildung, Jugend, Wissenschaft und Forschung, Natur, Gesundheit, Energie und Wirtschaft. Als Arbeitssprachen der Europaregion sind Deutsch und Italienisch festgelegt, alle offiziellen Dokumente des EVTZ werden zweisprachig verfasst[14]:

---

[14] Europaregion Info: http://www.europaregion.info/de/satzung-und-organe.asp.

Abb. 11.8 Der Brixner Dom. (© Helmut Moling_Brixen Tourismus_Martin Rainer Brunnen_00001; mit freundlicher Genehmigung des Gemeinsamen Büros des „EVTZ Europaregion Tirol – Südtirol – Trentino")

Abb. 11.9 Castello de Buonconsiglio, Trient. (Quelle: 20110521_Castello_de_Buon_Consiglio_(Euregio).jpg; Credits Euregio; mit freundlicher Genehmigung des Gemeinsamen Büros des „EVTZ Europaregion Tirol – Südtirol – Trentino")

11.5 Die Schritte zur Gründung der „Europaregion Tirol – Südtirol – Trentino" als...

Abb. 11.10 „Willkommen" in den in der „Europaregion Tirol – Südtirol – Trentino" gesprochenen Sprachen:Deutsch: WillkommenItalienisch: BenvenutiLadinisch: BegnodüsZimbrisch: BolkentFersentalerisch: Guatkemmen.(Quelle: Sprachen in der Euregio: Credits Euregio; mit freundlicher Genehmigung des Gemeinsamen Büros des „EVTZ Europaregion Tirol – Südtirol – Trentino")

> **ÜBEREINKUNFT ÜBER DIE ERRICHTUNG DES EUROPÄISCHEN VERBUNDES FÜR TERRITORIALE ZUSAMMENARBEIT „EUROPAREGION TIROL – SÜDTIROL – TRENTINO"**[15]
>
> Zwischen dem LAND TIROL, vertreten durch Landeshauptmann Günther Platter
>
> der AUTONOMEN PROVINZ BOZEN-SÜDTIROL, vertreten durch Landeshauptmann Dr. Luis Durnwalder
>
> der AUTONOMEN PROVINZ TRIENT, vertreten durch Landeshauptmann

---

[15] Europaregion, EVTZ-Statut: http://www.europaregion.info/downloads/Europaregion-EVTZ-Statut-GECT-statut-CastelThun-20110614.p. Europaregion Info: http://www.europaregion.info/de/satzung-und-organe.asp.

Lorenzo Dellai
Art. 1
Errichtung des EVTZ

1) Es wird ein Europäischer Verbund für territoriale Zusammenarbeit mit der Bezeichnung „EUROPAREGION TIROL – SÜDTIROL – TRENTINO" – im Folgenden EVTZ – im Sinne der Verordnung (EG) Nr. 1082/2006 des Europäischen Parlaments und des Rates vom 5. Juli 2006 und der Gesetze der Republik Italien, in der der EVTZ seinen Sitz hat, sowie der Gesetze des Landes Tirol eingerichtet.

...

Art. 5
Rechtsnatur und Ziele

...

2) Der EVTZ verfolgt im Einklang mit den Absichten der Alpenkonvention folgende Ziele:

a) Stärkung der wirtschaftlichen, sozialen und kulturellen Beziehungen zwischen der Bevölkerung seiner Mitglieder;

b) Förderung der territorialen Entwicklung seiner Mitglieder im Bereich ihrer jeweiligen Zuständigkeit, ...

...

Art. 7
Spezifische Projekte

1) In den in Art. 5 Abs. 2 lit. b) vorgesehenen Feldern der Zusammenarbeit ... setzt der EVTZ insbesondere folgende Projekte um:

a) Bildung: Förderung von Kontakten zwischen Schüler*innen, Ausbau des Sprachunterrichts sowie Zusammenarbeit bei der Ausbildung der Lehrpersonen;

b) Kultur: interregionale Ausstellungen, Museumskooperationen, digitaler Kulturveranstaltungskalender sowie Einrichtung eines grenzüberschreitenden Kulturpreises;

c) Energie: Förderung alternativer Energiequellen; nachhaltige Bauweisen;

d) Nachhaltige Mobilität: Förderung des Grünen Brenner Korridors und Sensibilisierung für Straßenverkehrssicherheit;

e) Gesundheit: Präventionskampagnen und gemeinsame Initiativen im Gesundheitsbereich;

f) Forschung und Innovation: Schaffung und Entwicklung von Wissens- und Exzellenznetzwerken;

g) Wirtschaft: Förderung des Unternehmertums, insbesondere der KMU (kleine und mittlere Unternehmen), des Handwerks, des Tourismus, des Handels und der Landwirtschaft;

h) Berglandwirtschaft und -umwelt: Organisation von Veranstaltungen zum Klimawandel, Geologischer Ereigniskataster sowie Schutz und gemeinsame Verwaltung von natürlichen Ressourcen.

11.6 Organisationsstruktur der „Europaregion Tirol – Südtirol – Trentino"

Die „Europaregion Tirol – Südtirol – Trentino" hat folgende Organisationsstruktur: Die Versammlung aus 15 Mitgliedern (den Präsidenten der Landesregierungen sowie einem weiteren Mitglied pro Gebiet und den Präsidenten der Landtage und je zwei weiteren Mitgliedern) legt die Leitlinien für die Verwirklichung der Ziele des EVTZ fest und genehmigt den Haushalt der Europaregion (Abb. 11.11). Im Vorstand sind die drei Landeshauptleute der Mitgliedsländer der Europaregion vertreten; er beschließt das Arbeitsprogramm und alle laufenden Aufgaben. Jeweils einer der drei Landeshauptleute nimmt den Vorsitz des Vorstands wahr, und damit das Amt des Präsidenten der Europaregion. Das Amt rotiert alle zwei Jahre zwischen den Ländern. Der Präsident beruft den Vorstand ein, führt den Vorsitz, legt der Versammlung den Haushaltsvoranschlag vor und berichtet über die Tätigkeiten des Vorstandes. Die Aktivitäten des EVTZ werden vom Generalsekretariat koordiniert, in das jedes Land einen Vertreter entsendet. Das Amt des Generalsekretärs wechselt gleichzeitig mit dem Vorsitz alle zwei Jahre unter den Mitgliedern der Europaregion. Der Generalsekretär bereitet die Sitzungen des Vorstandes und der Versammlung vor, unterstützt den Präsidenten bei der Ausübung seines Amtes und sorgt für die Durchführung der Beschlüsse des Vorstands. Die Europaregion-Organe werden von beratenden Gremien unterstützt.

Waaghaus in Bozen
Sitz der Europaregion - Laubengasse 19/A, I-39100 Bozen

Informations- und Koordinierungsstelle in Innsbruck
Wilhelm-Greil-Straße 17, A-6020 Innsbruck

Informations- und Koordinierungsstelle in Trient
Casa Moggioli - Via Grazioli 25, I-38122 Trient

Abb. 11.11 Die Informations- und Koordinationsstellen der „Europaregion Tirol – Südtirol – Trentino". (Mit freundlicher Genehmigung des Gemeinsamen Büros der „EVTZ Europaregion Tirol – Südtirol – Trentino")

11.7 Tätigkeitsbereiche und Aktivitäten der „Europaregion Tirol – Südtirol – Trentino"

Das Hauptziel der „Europaregion Tirol – Südtirol – Trentino" als „Europäischer Verbund für territoriale Zusammenarbeit" ist gemäß den Statuten eines EVTZ die Erleichterung und Förderung der grenzüberschreitenden, transnationalen und interregionalen Zusammenarbeit zwischen seinen Mitgliedern, gleichzeitig die Stärkung der wirtschaftlichen und sozialen Kohäsion. Hierzu gehört eine offene, bürgernahe Verwaltung gemäß den Grundsätzen der Transparenz und der guten Verwaltung. Um dies zu erreichen, ist die Europaregion in verschiedenen Bereichen tätig[16]:

So werden die Arbeitsbedingungen im Europaregions-Gebiet analysiert, um die Qualität der Arbeitsplätze zu vereinheitlichen und zu verbessern. Weiterhin wird die duale Ausbildung in der gesamten Europaregion gefördert. Durch Schulpartnerschaften sowie durch gemeinsame Kunst- und Musikprojekte soll das gegenseitige Verständnis der Jugendlichen gestärkt werden. Der wissenschaftlichen Zusammenarbeit dient die Schaffung von Wohnraum für Studierende und Auszubildende. Ein Studiengang „Executive Master Euregio in European Public Administration" wurde eingerichtet. Weitere Angebote, u. a. zum Europarecht und der europäischen Integration, kommen hinzu. Zudem werden Preise für herausragende Forschungsarbeiten und innovative Aktivitäten vergeben, etwa für Projekte zur Energiewende und zur Versorgungssicherheit. Der Wettbewerb „Tourismus trifft Landwirtschaft" zeichnete Projekte mit Berührungspunkten zwischen Landwirtschaft und Tourismus aus.

Der Förderung von Jugend und Familie dient der „EuregioFamilyPass" mit Vergünstigungen im ÖPNV. Nach dem Motto „Musik kennt keine Grenzen" werden gemeinsame Veranstaltungen unterstützt. Förderung erfahren auch internationale Workshops zu aktuellen Themen, ebenso sportliche Veranstaltungen. Im Rahmen des Projekts „Glanzleistung – das junge Ehrenamt" werden besonders engagierte junge Menschen ausgezeichnet. Im Bereich Kultur gilt das Augenmerk der Vernetzung von kulturellen Einrichtungen wie Museen sowie der Aufarbeitung der Geschichte der Europaregion. Hierzu soll ein digitaler historischer Atlas als modernes Portal beitragen. Im Sektor Verkehr werden Angebote zur Mobilität im ÖPNV sowie eine gemeinsame Verkehrsstrategie für den gesamten Europaregion-Raum unter Berücksichtigung des im Bau befindlichen Brennerbasistunnels entwickelt.

Dem Thema Nachhaltigkeit ist die gemeinsame Erstellung von Geodaten gewidmet, um die Sicherheit von Bergsteigern und Wanderern zu verbessern. Der Lawinenwarndienst der Europaregion bietet mehrsprachig aufbereitete Informationen zur Lawinensituation in Tirol, Südtirol und dem Trentino. Außerdem arbeiten die Wetterdienste der drei Länder an einem gemeinsamen Wetterbericht. Grundsätzlich verpflichtet sich die Europaregion zu einer signifikanten Senkung der Treibhausgase. Im sozialen Bereich sollen die Chancengleichheit von Frauen und

---

[16] Europaregion Transparente Verwaltung: https://www.europaregion.info/Europaregion/transparente-verwaltung/, Europaregion Info: https://www.europaregion.info/Europaregion/projekte/.

innovative Projekte von Frauen unterstützt werden. Durch die Förderung der Attraktivität der Pflegeberufe will man die Pflege älterer Menschen verbessern. Ein Europaregion-Monitor führt außerdem im zweijährigen Rhythmus eine repräsentative Umfrage durch, um die Zufriedenheit der Bevölkerung mit der Arbeit der Europaregion zu untersuchen. Der Förderung von Tourismus und Sport dienen verschiedene Programme wie ein internationales Radrennen durch Tirol, Südtirol und das Trentino sowie die Konzeption eines Pilgerwegs und die Ausrichtung von sportlichen Wettkämpfen für Jugendliche.

Zudem sollen Hemmnisse zwischen Verwaltung und Wirtschaft abgebaut werden. Das Europäische Forum Alpbach bietet hierzu eine interdisziplinäre Plattform für Wissenschaft, Politik, Wirtschaft und Kultur, um in einen grenzüberschreitenden Dialog zu treten. Zur Stärkung der Beteiligung der Bürgerinnen und Bürger an den Entscheidungsprozessen wurde ein Bürger*innenrat eingerichtet, der konkrete Vorschläge für die Zusammenarbeit entwickeln soll. Ein besonderes Projekt ist schließlich das Europaregion-Programm für Ostafrika: Die Europaregion unterstützt sechs Regionen im Grenzgebiet von Uganda und Tansania mit Projekten zur Verbesserung der Ernährungssicherheit.

11.8 Das Bild der Europaregion in der Öffentlichkeit

Die „Europaregion Tirol-Südtirol-Trentino" lässt seit 1996 Umfragen durchführen, um die Meinung der Bevölkerung zu erheben. Die bisher letzte repräsentative Umfrage von 2021 (Traweger/Pallaver 2022) zeigt, dass die Europaregion inzwischen im Bewusstsein der Bevölkerung verankert ist. Es ergab sich ein durchweg hoher Bekanntheitsgrad: In Südtirol kennen 87,5 % die Europaregion, in Tirol 82,4 % und im Trentino 75,4 %. Dieser Wert steigt im Vergleich zu den vorangegangenen Untersuchungen kontinuierlich an. Die Zusammenarbeit aller drei Länder wird nach dem Ergebnis der Untersuchung von der Bevölkerung als sehr wichtig bzw. wichtig eingeschätzt: in Tirol 85,7 %, in Südtirol 93,5 %, im Trentino 94,3 %. In der Frage nach den Sachgebieten, bei denen diese Zusammenarbeit intensiviert werden sollte, ergeben sich freilich bei den drei Mitgliedsländern nicht ganz übereinstimmende Resultate: Für die Befragten in Tirol sind die wichtigsten Bereiche der Verkehr (60,8 %), der Tourismus (16,9 %) und die Wirtschaft (14,8 %), knapp dahinter die Umwelt (12,6 %). Auch in Südtirol steht die Verkehrsproblematik an erster Stelle (41,9 %), gefolgt von Wirtschaft (13,9 %), Bildung (13,5 %), Umwelt, Soziales und Gesundheit (jeweils 11,1 % der Nennungen). Im Trentino wird die Wirtschaft (20,6 %) als wichtigstes Thema angesehen, gefolgt vom Verkehr mit 18,0 %. An dritter Stelle stehen Tourismus mit 12,2 % und Bildung mit 12,0 %.

Die Verkehrsproblematik ist in erster Linie für das österreichische Bundesland Tirol wichtig, wo für die Bevölkerung die Umweltbelastung durch den Schwerverkehr am heftigsten wahrnimmt, und wo man diese durch Maßnahmen wie sektorale Fahrverbote, Nachtfahrverbote, Blockabfertigung etc. einschränken möchte. Daher wünscht man sich dort, auch im Hinblick auf Pressionsversuche der nationalen Regierungen Deutschlands und Italiens, eine noch größere Unterstützung durch die

Europaregion. Südlich des Brenners, in Südtirol, ist diese Problematik ebenfalls präsent, aber nicht mit derselben Dringlichkeit wie in Tirol. Noch weiter südlich und in noch größerer Entfernung, also im Trentino, nimmt das Bewusstsein der Verkehrsproblematik weiter ab, und andere Themen stehen im Vordergrund.

Die wirtschaftliche Zusammenarbeit wird besonders im Trentino als ausbaufähig angesehen. Der Tourismus ist vor allem den Bewohnern Tirols und des Trentino wichtig, erstaunlicherweise nicht denjenigen Südtirols. Dass im Trentino die Zusammenarbeit im Bereich Kultur als wichtiger eingeschätzt wird als in den beiden anderen Ländern, mag daran liegen, dass man im Trentino die Autonomie der Provinz gegenüber dem „restlichen" Italien durch die Betonung der gemeinsamen „tirolerischen" Identität betonen möchte. Denn zweifellos ist die Sonderstellung der italienischsprachigen Autonomen Provinz Trentino innerhalb Italiens schwieriger zu begründen als diejenige des durch seine andersartige sprachliche Sonderstellung herausgehobenen Südtirol.

Die Arbeit der Europaregion wird von der Bevölkerung in den drei Ländern nicht ganz einheitlich beurteilt. Der Anteil derjenigen, die ihre Zufriedenheit zu Protokoll geben, ist zwar überall weitaus höher als derjenige der Menschen, die nicht zufrieden sind: In Tirol 47,1 %, in Südtirol 59,1 % und im Trentino 51,7 %. Die Bevölkerung hat den Mehrwert der Europaregion offenbar besonders in der kritischen Pandemiephase kennengelernt, als sich die drei Mitgliedsländer im Gesundheitssektor angesichts medizinischer Engpässe gegenseitig unterstützt haben. Andererseits sind in Tirol 22,3 %, in Südtirol 17,5 % und im Trentino 19,4 % eher nicht zufrieden. Der Rest kann keine Angabe machen. Diese Prozentzahlen kann man unterschiedlich interpretieren: Zum einen könnte das Ergebnis von etwa der Hälfte bis zu ca. 60 % zufriedener Bewohner eine vergleichsweise hohe Zufriedenheitsrate darstellen. Zum anderen erklären allerdings ca. 40-50 % nicht ausdrücklich ihre Zufriedenheit. Daraus könnte man schließen, dass man sich von Seiten der Bevölkerung noch größeres Engagement erwartet. Dass Tirol den niedrigsten Zufriedenheitswert aller drei Mitgliedsländer hat, mag möglicherweise daran liegen, dass man dort für die Lösung der Verkehrsproblematik noch nicht genug Unterstützung von Seiten der Europaregion sieht. Hinsichtlich künftiger Aufgaben sind knapp drei Viertel (73,3 %) aller Befragten der Meinung, dass die Kenntnis der beiden Landessprachen Deutsch und Italienisch stärker gefördert werden sollte. In Südtirol gab es 2021 mit 80 % den höchsten Wert, gefolgt vom Trentino mit ca. 76 %. Deutlich geringer ist dieser Wunsch in Tirol (64 %).

11.9 Die Meinung der Wirtschaft zur Europaregion

Von Seiten der Wirtschaft bietet der „Europäische Verbund für territoriale Zusammenarbeit" den Euregio-Ländern Tirol, Südtirol und Trentino die rechtliche Basis für die Umsetzung gemeinsamer Bestrebungen in Bereichen wie Wirtschaft, Verkehr, Gesundheit, Forschung, Kultur, Bildung, Energie und Umwelt.[17] Insgesamt

---

[17] Siehe hierzu die Aussagen von Lun, Georg, Erschbaumer, Philipp (Autoren) (2013) über die Meinung der Unternehmen zu Potenzialen der Zusammenarbeit.

11.9 Die Meinung der Wirtschaft zur Europaregion

sehen die Unternehmen der Europaregion zahlreiche Möglichkeiten, die sich aus einer verstärkten Zusammenarbeit in Zukunft ergeben können. Angesichts der Notwendigkeit, die Wettbewerbsfähigkeit in der Europaregion weiter zu steigern, ist nach Meinung der Wirtschaft eine solche Zusammenarbeit das Gebot der Stunde. Der EVTZ biete hierzu den Rahmen für die gemeinsame Ausschöpfung der Potenziale.

In den Augen der Wirtschaft gewährleistet die Europaregion zudem mehr Rechtssicherheit für die Umsetzung gemeinsamer Bestrebungen: Die Wettbewerbsfähigkeit der Europaregion könnte durch die Vereinheitlichung der rechtlichen Grundlagen gesteigert werden, denn trotz ähnlicher Muster sei das Gesamtgebiet nicht homogen genug. So stünde Tirol gesamtwirtschaftlich gesehen besser da als Südtirol und das Trentino. Was die wirtschaftlichen Beziehungen innerhalb der Europaregion anbelangt, so ist Tirol bisher für ein knappes Drittel der Südtiroler Unternehmen von „großer Bedeutung für die eigene Unternehmenstätigkeit", umgekehrt ist dies etwas schwächer. Auch die Beziehung zwischen dem Trentino und Südtirol ist stark, deutlich schwächer hingegen ist der wirtschaftliche Austausch zwischen Tirol und dem Trentino. Durch den EVTZ erhofft man sich eine Intensivierung der Zusammenarbeit innerhalb der Europaregion in den einzelnen Wirtschaftssektoren, aber auch in Wissenschaft und Forschung, in der Bildung, im Energiebereich und im Gesundheitswesen, um die Lebensqualität entlang der Transitachse langfristig zu sichern.

Sprachliche Barrieren müssen zudem nach Meinung der Wirtschaft abgebaut werden, da die Kooperation hierunter leidet. Diese bestehen vor allem zwischen Tirol und dem Trentino. Die deutsche Sprache ist für die Unternehmenstätigkeit der Tiroler und Südtiroler Betriebe eine Grundvoraussetzung. Italienisch ist im Trentino entscheidend, in Tirol dagegen bedeutungslos. Knapp die Hälfte der Unternehmer in den zwei Provinzen gab an, dass die fehlende Sprachkenntnis zumindest eine spürbare Beeinträchtigung der unternehmerischen Tätigkeit mit sich bringt. In Südtirol dagegen wird die betriebliche Aktivität aufgrund der Zweisprachigkeit kaum erschwert. Erwartungsgemäß ist die deutsche Sprache für die Unternehmenstätigkeit der Tiroler und Südtiroler Betriebe die Grundvoraussetzung. Deutsch ist als Wirtschaftssprache in Südtirol nahezu gleich bedeutend wie in Tirol – trotz eines beträchtlichen Anteils italienischer Unternehmen. Im Trentino hingegen messen nur ca. 20 % der Unternehmer der deutschen Sprache bisher „große Bedeutung" zu, während Deutsch für etwa ein Drittel der Betriebe „keine Bedeutung" hat. Man sieht jedoch grundsätzlich die Notwendigkeit der Steigerung der Kompetenz in der jeweils anderen Muttersprache, und es herrscht die Überzeugung, dass die bestehenden Sprachbarrieren in der Europaregion konsequent abgebaut werden müssen und können. Für die Zukunft ist allerdings vorauszusehen, dass die Rolle der englischen Sprache in den Europaregion-Ländern weiter zunehmen wird.

11.10 „Euregio Connect"

Hervorzuheben ist die Zusammenarbeit von Tirol, Südtirol und dem Trentino im Tourismus, dem wichtigsten Wirtschaftszweige der Europaregion. Hierzu wurde im Jahre 2021 der „Euregio Connect" als 82. „Europäischer Verbund für territoriale Zusammenarbeit" (EVTZ) gegründet.[18] Dieser EVTZ soll die Zusammenarbeit seiner drei Mitglieder „Tirol Werbung", „IDM Südtirol – Alto Adige" (Innovators. Developers. Marketers) und „Trentino Marketing" bei Planung, Abwicklung und Finanzierung von überregionalen Projekten im Tourismus vereinfachen. „Euregio Connect" möchte die grenzüberschreitende Zusammenarbeit bei der Planung, Abwicklung und Finanzierung von überregionalen und grenzübergreifenden Projekten im Zuständigkeitsbereich der Partner, im Tourismus und im Sport, aber auch auf kultureller Ebene verfestigen und ausbauen. Die Strukturen und Herausforderungen aller drei Länder seien ähnlich und könnten durch die Synergieeffekte einer grenzüberschreitenden Zusammenarbeit und gemeinsame Planungen besser bewältigt werden.

Die *„Tirol Werbung GmbH"* ist für das landesweite Tourismusmarketing des österreichischen Bundeslandes Tirol verantwortlich. Sie orientiert sich an der Themenstrategie für die Marke Tirol. Nach eigener Aussage fokussiert sie sich auf ökonomische, ökologische und soziale Nachhaltigkeit. Als ihre Hauptaufgaben sieht sie Information und Kommunikation an und zielt darauf ab, das Land zu einer Modellregion für einen attraktiven Lebens- und Erholungsraum sowie zukunftsfähigen Wirtschaftsstandort zu machen. „IDM Südtirol – Alto Adige" sieht nach eigener Aussage ihre Mission darin, Südtirol zum „begehrtesten nachhaltigen Lebensraum in Europa" zu machen – ein denn doch etwas hoher Anspruch. Sie will als Impulsgeber durch ihr Angebot an Dienstleistungen für Wirtschaftsakteure die nachhaltige Entwicklung der Südtiroler Wirtschaft fördern und die Wettbewerbsfähigkeit der Unternehmen steigern. „Trentino Marketing" ist die territoriale Tourismusmarketingagentur der Autonomen Provinz Trient. Sie befasst sich mit der Konzeption, Umsetzung und Förderung von Initiativen und Projekten zur Entwicklung des Tourismus im Trentino und fördert die Entwicklung strategischer und operativer Allianzen zwischen den verschiedenen Sektoren, um das Trentino als Reiseziel aufzuwerten und Tourismusangebote zu verbessern. Als wichtigstes gemeinsames Projekt gilt bisher die *Tour of the Alps*, ein grenzüberschreitendes Straßenrad-Etappenrennen, das in Italien und Österreich stattfindet und seit 2017 als Nachfolger des Giro del Trentino nun auf das gesamte Gebiet der „Europaregion Tirol – Südtirol – Trentino" ausgeweitet wurde.

Es wird interessant sein zu beobachten, wie diese Zusammenarbeit in der Praxis funktioniert. Denn bisher waren im touristischen Bereich die drei Länder eher Konkurrenten. Ob die gemeinsamen Belange auf die Dauer gegenüber den Einzelinteressen überwiegen, bleibt abzuwarten. Ebenso wird die Zukunft zeigen, ob und wie die vielbeschworene Vereinbarkeit von Ökonomie und Ökologie auf der Agenda

---

[18] Euregio Connect: https://www.euregio-connect.eu/.

steht, und wie man im länderübergreifenden Rahmen den Problemen wie Übertourismus und Grenzen der Belastbarkeit entgegenwirken kann.

11.11 Die „Europaregion Tirol – Südtirol – Trentino": Chancen und Probleme

Naturgemäß bestehen Unterschiede in den Kompetenzen der Mitgliedsländer der Europaregion. Diese erklären sich aus der Zugehörigkeit zu zwei verschiedenen Staaten, die politisch und administrativ unterschiedlich aufgebaut sind. Österreich ist ein föderalistischer Bundesstaat, Italien ein zentralistisch geprägter Staat. In Österreich sind die staatlichen Funktionen und Aufgaben zwischen Bund und Ländern aufgeteilt. Es gilt das Prinzip, dass, soweit eine Angelegenheit nicht ausdrücklich durch die Bundesverfassung dem Bund übertragen ist, diese im selbständigen Wirkungsbereich der Länder verbleibt, wenn auch der Bund das letzte Wort hat. Sowohl Bund als auch Länder können für ihren jeweiligen Zuständigkeitsbereich Gesetze erlassen. Die Bundesländer können außerdem etwa Baurecht und Raumordnung, Grundverkehrsrecht, Naturschutz oder Jugendschutz selbständig regeln. Auch über den Bundesrat, die Vertretung der Bundesländer, können diese auf die gesamtstaatliche Politik Einfluss nehmen. Bund und Länder können untereinander Vereinbarungen über Angelegenheiten ihres jeweiligen Wirkungsbereiches schließen, und die Länder können in Angelegenheiten, die in ihren selbständigen Wirkungsbereich fallen, Staatsverträge mit an Österreich angrenzenden Staaten oder deren Teilstaaten abschließen. Insgesamt gesehen hat Tirol als eines der neun österreichischen Bundesländer (Burgenland, Kärnten, Steiermark, Niederösterreich, Oberösterreich, Salzburg, Tirol, Vorarlberg und Wien) grundsätzlich mehr Einflussmöglichkeiten innerhalb Österreichs als die autonomen italienischen Provinzen in Italien.

Italien ist als zentralistischer Staat in 20 Regionen aufgeteilt, von denen 15 (Piemont, Lombardei, Venetien, Ligurien, Emilia-Romagna, Toskana, Umbrien, Marken, Latium, Abruzzen, Molise, Kampanien, Apulien, Basilikata, Kalabrien) über ein „*Normalstatut*" verfügen *(statuto ordinario)*. Ein solches Statut enthält keine Sonderregelungen, sondern lediglich organisatorische Bestimmungen. Fünf Regionen (Sizilien, Sardinien, das Aostatal, Trentino-Südtirol, Friaul-Julisch Venetien) besitzen aufgrund spezieller kultureller oder ethnisch-sprachlicher Charakteristika ein „*Sonderstatut*" *(statuto speciale)*. Sie verfügen über weiterreichende Gesetzgebungs- und Verwaltungskompetenzen und eine größere finanzielle Autonomie. Südtirol (Provinz Bozen-Südtirol) bildet zusammen mit dem Trentino (Provinz Trient) die Region Trentino-Südtirol. Mit der Implementierung des Zweiten Autonomiestatuts für Südtirol 1992 wurden die autonomen Kompetenzen beinahe zur Gänze von der Region Trentino-Südtirol an die beiden Provinzen Bozen-Südtirol und Trient übertragen. Die Provinz Bozen-Südtirol kann dabei in den Bereichen öffentliche Ämter, Raumordnung, Wirtschaft, Transportwesen, Kultur und Schulwesen eigene Gesetze erlassen. Auch das Trentino hat als Autonome Provinz ähnliche Befugnisse und hat weitgehende Kompetenzen in den Bereichen Raumordnung,

Handwerk, Messen und Märkte, Jagd und Fischerei, Kommunikations- und Transportwesen, Fremdenverkehr und Gastgewerbe, Landwirtschaft, Kindergärten und Schulen.

Diese Unterschiede sind allerdings in der Praxis nicht schwerwiegend, und alle drei Mitgliedsländer der Europaregion können sich sehr gut damit arrangieren. Dies hängt auch damit zusammen, dass bei allen Partnern große Bereitwilligkeit besteht, die Europaregion erfolgreich zu gestalten und die gegebenen Möglichkeiten auszuschöpfen. Eine große Chance für die „Europaregion Tirol – Südtirol – Trentino" liegt darin, dass sie auf finanzielle EU-Mittel zugreifen kann, die für ein einzelnes ihrer Mitglieder nicht zur Verfügung stehen. Hierdurch können Projekte gefördert werden, die ohne eine solche Unterstützung vorher nicht möglich gewesen waren. Somit bietet der EVTZ immense Vorteile. Die Europäische Union (EU) stellt ein großes Spektrum an Förderungen über EU-Aktionsprogramme und EU-Strukturfondsprogramme zur Umsetzung der EU-Regionalpolitik bereit. In der „Europaregion Tirol – Südtirol – Trentino" sind so zahlreiche grenzüberschreitende Projekte aufgelegt worden, die für die einzelnen Mitgliedsländer allein schwerlich zu implementieren gewesen wären, etwa in Ausbildung, Kultur, Sprache und Wirtschaft.

Mit der Finanzhilfe der EU und den eingebrachten Finanzmitteln der Mitglieder können somit viele sinnvolle Aktivitäten finanziert werden, jedoch naturgemäß nicht alle übergeordneten Probleme. Die Europaregion besitzt zwar viele Rechte einer autonomen Selbstverwaltung, aber sie ist kein „Staat". Das heißt, dass die letzte Entscheidungsgewalt bei den beiden zuständigen nationalen Regierungen bleibt. Teilweise sind sogar Interessen weiterer Staaten beteiligt. Das zeigt sich an der gegenwärtig größten Herausforderung, der Verkehrsüberlastung durch den Transitverkehr über den Brennerpass. Der Pass ist ein Nadelöhr, das dem Verkehrsaufkommen kaum noch standhält: Knapp 2,5 Mio. LKWs passierten im Jahre 2022 den Brenner. Im Güterbereich wird fast die Hälfte des Transitaufkommens über die Brennerachse abgewickelt, und zwar zu etwa drei Vierteln auf der Straße. Die Belastung durch Luftschadstoffe in Tirol ist inzwischen so hoch, dass das Bundesland Tirol Verkehrsbeschränkungen, wie Fahrverbote für den Schwerverkehr, Wochenend- und Nachtfahrverbote sowie Blockabfertigungen erlassen hat. Diese besonders aus Tiroler Sicht notwendigen Maßnahmen sind jedoch für die deutsche und die italienische Regierung, die für ihre exportabhängige Wirtschaft auf freie Fahrt für alle Lastwagen pochen, ein stetes Ärgernis.[19] Die Europaregion kann in solchen

---

[19] Mit der Konzeption einer neuen Hochgeschwindigkeits-Eisenbahnverbindung zwischen Nord- und Südrand der Alpen als Teil der „Eisenbahnachse Berlin-Palermo" mit dem Kernstück des Brennerbasistunnels (BBT) soll die Verlagerung des Transitgüterverkehrs von der Straße auf die Schiene erreicht werden. Der Brennerbasistunnel ist seit 15 Jahren im Bau und soll 2032 eröffnet werden. Er ist mit allen Zuleitungen 64 km lang. „2013 wurde die Bevölkerung befragt, was die Europaregion als Ganzes zum Bau des BBT beitragen könne. Die überwiegende Mehrheit der Befragten in allen drei Ländern war der Ansicht, dass vor allem deren Zusammenarbeit und deren gemeinsames Auftreten in Brüssel das Großprojekt unterstützen und zu einer rascheren Umsetzung

Bereichen Anregungen geben und die Öffentlichkeit ebenso wie die Entscheidungsträger für die Problematik sensibilisieren. Eine konkrete Handhabe, dies gegenüber „höherrangigen" staatlichen und wirtschaftlichen Interessen durchzusetzen, besitzt sie jedoch nicht. Dies gilt auch für andere Bereiche, in denen Lösungen im Sinne (nicht nur) des EVTZ sinnvoll wären (Übertourismus, Migrationsproblematik).

Der EVTZ „Europaregion Tirol – Südtirol – Trentino" ist aus dem Bestreben entstanden, die Kooperation in diesem zentralen Alpenraum zu intensivieren und die Bedeutung von Grenzen zu vermindern. Die historische Entwicklung hat gelehrt, dass Probleme, die alle drei Partner der Europaregion betreffen, nicht mehr von einem einzigen Land gelöst werden können, sondern in einem grenzüberschreitenden territorialen System behandelt werden müssen. Der EVTZ bietet dabei viele Möglichkeiten der Zusammenarbeit im Rahmen der EU. Durch die grenzüberschreitende Zusammenarbeit wird der trennende Charakter der Grenze gemildert und das Zusammengehörigkeitsgefühl der hier lebenden Bevölkerung gestärkt. Multiethnizität und sprachliche Vielfalt werden nicht mehr wie vordem als Problem erachtet, sondern der gemeinsame historische Hintergrund eröffnet neue Möglichkeiten des gegenseitigen Verständnisses. Der Bezug auf das ehemalige zusammenhängende Territorium „Tirol", das sich als Passstaat vom Nordrand der Alpen bis zu ihrem Südrand erstreckte, bildet hierzu einen geeigneten Rahmen. Damit wird das Verbindende dieses Übergangsraumes mit einer bewussten historischen Gemeinsamkeit trotz unterschiedlicher kultureller Eigenheiten und Charakterzüge des Nordens und des Südens betont. Damit besitzt die Europaregion auch eine friedensbewahrende Funktion.

---

führen könnten. Die Befürwortung einer solchen Strategie lag damals bei 97,1 % in Südtirol, bei 93,3 % in Tirol und bei 98,3 % im Trentino. Nur maximal 2,9 % (in Südtirol) waren der Meinung, dass von den drei Landeshauptleuten keine gemeinsame Politik beim Projekt des Brennerbasistunnels und auch kein gemeinsames Auftreten in Brüssel notwendig sei." (Traweger, Christian / Pallaver, Günther (2022): Die Europaregion Tirol – Südtirol – Trentino in Corona-Zeiten. Ergebnisse einer Bevölkerungsbefragung, S. 101).

12 Die „Europäischen Verbünde für territoriale Zusammenarbeit" als geeignetes Mittel zur Förderung grenzüberschreitender Regionen in den Alpen

Die Struktur- und Kohäsionspolitik ist ein Kernbereich der Europäischen Union. Mit den Struktur- und Kohäsionsfonds stellt die EU Finanzmittel zur Bewältigung der wirtschaftlichen, sozialen und territorialen Strukturprobleme bereit. Die Europäische Union unterstützt insbesondere mit dem „Europäischen Fonds für Regionale Entwicklung" (EFRE) die wirtschaftliche und soziale Entwicklung von Regionen in der EU. Um die regionalen Unterschiede auszugleichen, liegt der finanzielle Schwerpunkt im EFRE bei den Regionen mit Entwicklungsrückstand oder schweren und dauerhaften natürlichen oder demographischen Nachteilen. Die EU strebt eine moderne, innovationsorientierte europäische Strukturpolitik an, die Investitionen in Zukunftstechnologien, in die Informations- und Kommunikationstechnologie (IKT) und zur Erreichung der Klimaschutzziele fördert.

Aktuell sind die inhaltlichen Schwerpunkte im Förderzeitraum 2021-2027 die folgenden:

> **Artikel 5 der VERORDNUNG (EU) 2021/1060 DES EUROPÄISCHEN PARLAMENTS UND DES RATES vom 24. Juni 2021**
> *Politische Ziele*
> (1) Aus dem EFRE, dem ESF+, dem Kohäsionsfonds und dem EMFAF werden die folgenden politischen Ziele unterstützt:
> a) ein wettbewerbsfähigeres und intelligenteres Europa durch die Förderung eines innovativen und intelligenten wirtschaftlichen Wandels und der regionalen IKT-Konnektivität;
> b) ein grünerer, CO_2-armer Übergang zu einer CO_2-neutralen Wirtschaft und einem widerstandsfähigen Europa durch die Förderung von sauberen Energien und einer fairen Energiewende, von grünen und blauen Investitionen,

der Kreislaufwirtschaft, des Klimaschutzes und der Anpassung an den Klimawandel, der Risikoprävention und des Risikomanagements sowie der nachhaltigen städtischen Mobilität;

c) ein stärker vernetztes Europa durch die Steigerung der Mobilität;

d) ein sozialeres und inklusiveres Europa durch die Umsetzung der europäischen Säule sozialer Rechte;

e) ein bürgernäheres Europa durch die Förderung einer nachhaltigen und integrierten Entwicklung aller Arten von Gebieten und lokalen Initiativen.

Der JTF trägt zu dem spezifischen Ziel bei, Regionen und Menschen in die Lage zu versetzen, die sozialen, beschäftigungsspezifischen, wirtschaftlichen und ökologischen Auswirkungen des Übergangs zu den energie- und klimapolitischen Vorgaben der Union für 2030 und des Übergangs der Union zu einer klimaneutralen Wirtschaft bis 2050 unter Zugrundelegung des Übereinkommens von Paris zu bewältigen.

Absatz 1 Unterabsatz 1 dieses Artikels findet keine Anwendung auf die EFRE- und die ESF+-Mittel, die gemäß Artikel 27 auf den JTF übertragen werden.

(2) Der EFRE, der ESF+, der Kohäsionsfonds und der JTF tragen zu den Maßnahmen der Union bei und stärken ihren wirtschaftlichen, sozialen und territorialen Zusammenhalt im Einklang mit Artikel 174 AEUV, indem die nachstehenden Ziele verfolgt werden:

a) das Ziel „Investitionen in Beschäftigung und Wachstum" in Mitgliedstaaten und Regionen, unterstützt aus dem EFRE, dem ESF+, dem Kohäsionsfonds und dem JTF; und

b) das Ziel „Europäische territoriale Zusammenarbeit" (Interreg), unterstützt aus dem EFRE.

Das bedeutet, dass im Zeitraum 2021-2027 Investitionen ermöglicht werden sollen, damit Europa und seine Regionen

- wettbewerbsfähiger und intelligenter durch Innovation und Unterstützung kleiner und mittlerer Unternehmen (KMU) sowie Digitalisierung und digitale Konnektivität werden,
- umweltfreundlicher, CO_2-ärmer und widerstandsfähiger werden,
- mehr Verbundenheit durch Verbesserung der Mobilität gewinnen,
- sozialer werden durch die Unterstützung wirksamer und inklusiver Beschäftigung, durch Bildung, Kompetenzen, soziale Inklusion und einen gleichberechtigten Zugang zur Gesundheitsversorgung sowie durch die Stärkung der Rolle von Kultur und nachhaltigem Tourismus,
- Bürgernähe zeigen durch Unterstützung der von der örtlichen Bevölkerung betriebenen Entwicklung und der nachhaltigen Stadtentwicklung in der gesamten EU.

Ein großes Thema der „Europäischen territorialen Zusammenarbeit" (ETZ) sind Maßnahmen zur Entwicklung von grenzüberschreitenden Projekten zwischen den Mitgliedstaaten, die transnationale und interregionale Zusammenarbeit sowie die Schaffung von Netzwerken und der Erfahrungsaustausch zwischen regionalen und lokalen Behörden. Diesem Ziel dient die Einrichtung der „Europäischen Verbünde für territoriale Zusammenarbeit". Diese Verbünde sind speziell für Grenzregionen geschaffen worden. Ausgehend von der Tatsache, dass solche Gebiete am Rande der jeweiligen Staaten liegen und daher von diesen immer etwas stiefmütterlich behandelt werden, da sie nicht zu den wirtschaftlichen, kulturellen und bevölkerungsmäßigen Kernräumen gehören. Andererseits bietet sich gerade bei ihnen die Möglichkeit grenzüberschreitender Zusammenarbeit geradezu an, eben dadurch, dass sie an Grenzen liegen und leicht mit den anderen Gebieten jenseits ihrer Grenze in Kontakt kommen können.

Ein anderer wichtiger Gesichtspunkt ist, dass durch die Überschaubarkeit solcher betroffener Regionen, die sich stets unterhalb der staatlichen Ebene befinden, leichter Projekte für eine Kooperation realisieren lassen. Die regionale und lokale Ebene ist hierbei entscheidend, wenn auch natürlich die betreffenden Staaten ihr Placet zur Einrichtung von EVTZ geben müssen. So ist es möglich, mehr von einem „bottom up"-Prinzip ausgehend praktikable Lösungen von Problemen zu realisieren, die tatsächlich konkret der Bevölkerung zugutekommen. Auf der staatlichen Ebene ist es erfahrungsgemäß schwieriger, Übereinkünfte zu erreichen als bei der konkreten Arbeit vor Ort.

Grenzen überwinden statt Grenzen beibehalten ist das Gebot der Stunde. Dies kann im wahrsten Sinne des Wortes in Grenzregionen stattfinden: Reale Grenzzäume können eingerissen werden, aber auch Grenzen, die bislang Kontakte oder gar eine Kooperation über die Grenze hinweg verhindert haben, können relativiert werden, ebenso die Grenzen im gegenseitigen Zusammentreffen von Menschen beiderseits dieser Grenze, die vordem nicht zusammenfanden, aber nun doch öfters gemeinsame Interessen, gemeinsame Ziele herausfinden. Es kommt vor, dass man sich an eine frühere gemeinsame Geschichte oder eine gemeinsame frühere Zusammengehörigkeit erinnert, die durch politische Ereignisse zerstört worden war, und nun reaktiviert werden konnte.

Kooperation statt Trennung heißt das Zauberwort. Die Erfolge, die die EVTZ bisher schon aufzuweisen haben, sprechen für sich. Sie sind zwar insgesamt im gesamten Rahmen der EU überschaubar, haben jedoch für ihre jeweilige Region eine beträchtliche Bedeutung, indem sie die Möglichkeit bieten, gemeinsam Probleme zu lösen, wozu eine Teilregion allein nicht imstande ist. Und schließlich sind die EVTZ Vorreiter innerhalb der Europäischen Union, indem sie zeigen, dass Kohäsion möglich ist und dass man sie zum Nutzen aller leben kann. Sie können somit als Vorbild dienen, wie ein stärkeres Zusammengehörigkeitsgefühl innerhalb der EU, das immer wieder in Frage gestellt wird, funktionieren kann. Dass diese Aufgabe wesentlich komplizierter ist als die Kooperation innerhalb der EVTZ, ist natürlich offensichtlich.

Die Wirkungen solcher EVTZ sind am Beispiel der Alpen besonders gut zu beobachten. Denn die Alpen sind in mehrfacher Hinsicht ein Grenzraum. Sie stellen wie jedes Hochgebirge ein Hindernis zwischen ihren Vorländern dar, indem sie den kulturellen und wirtschaftlichen Austausch zwischen diesen erschweren. Es liegt nahe, dass sich auch zahlreiche politische Staatsgrenzen in den Alpen treffen. An den Alpen haben insgesamt sieben Länder Anteil: Frankreich, Italien, Schweiz, Liechtenstein, Deutschland, Österreich und Slowenien. Von daher sind die Alpen prädestiniert für die Errichtung von EVTZ. Zahlreiche Grenzregionen, die im Vergleich zu anderen Gebieten schwierigere Standortfaktoren aufweisen und benachteiligt sind, können hier durch eine grenzüberschreitende Kooperation Vorteile gewinnen.

Dies ist umso sinnvoller, als die Alpen trotz ihrer politischen Grenzen ähnliche, für ein Hochgebirge typische Züge eines gemeinsamen Natur- und Kulturraumes aufweisen. Relief, Klima und Vegetation, ebenso wie Kultur, Wirtschaft und Bevölkerung sind ähnlich und führen zu großen Disparitäten zwischen den begünstigten, tief eingeschnittenen Tälern und den siedlungsfeindlichen Höhenlagen. Naturgefahren, wirtschaftliche Probleme, mögliche Probleme des Übertourismus, Bergflucht gegenüber Bevölkerungskonzentrationen und Verkehrsbelastung, um nur einige zu nennen, sind für die gesamten Alpen charakteristisch, natürlich in ihrer Intensität regional differenziert.

Solche Schwierigkeiten sind nicht auf einen der beteiligten Staaten beschränkt, sie enden nicht an Staatsgrenzen. Es sind internationale Schwierigkeiten, die daher auch besser international zu bekämpfen sind. Andererseits sind die Alpen seit jeher und auch heute noch nicht nur ein Grenzraum zwischen den beteiligten Staaten, sondern sie haben noch eine andere Funktion, nämlich die des Übergangsraumes zwischen den benachbarten Natur- und Kulturräumen. Vielleicht sollte und könnte man diese seit alters her wichtige Verbindungsfunktion künftig mehr in den Focus rücken, dann würden sich die Grenzen, die in den Alpen sowieso heute keine große Bedeutung haben, auch psychologisch weiter verringern.

Zusammenfassend kann man sagen, dass die „Europäischen Verbünde für territoriale Zusammenarbeit" (EVTZ) in den Alpen ein geeignetes Mittel darstellen, um solche Gebirgsregionen, die im Vergleich zu anderen Gebieten schwierigere Standortfaktoren aufweisen, zu fördern. Es geht dabei erfreulicherweise nicht um irgendwelche neuen theoretischen Konzepte. Sondern das Ziel eines EVTZ ist es, grenzüberschreitend Probleme anzupacken und die territoriale Zusammenarbeit zwischen seinen Mitgliedern zu erleichtern, um den wirtschaftlichen, sozialen und territorialen Zusammenhalt in der EU durch gemeinsame lokale und regionale Initiativen zu stärken. Dieser Ansatz ist grundsätzlich erfolgreich. Denn man hat inzwischen im Grunde überall erkannt, dass Probleme in den meisten Fällen nicht an irgendwelchen administrativen Grenzen enden, sondern von vornherein grenzüberschreitend sind. Anstatt solche Grenzen beizubehalten, ist es wesentlich sinnvoller, neue „Regionen" zu schaffen, die gemeinsame Strukturen bzw. Probleme haben, als es jedem Grenzraum zu überlassen, nur für sein eigenes Gebiet nach Lösungen zu suchen.

Die EVTZ in den Alpen sind in ihrer Ausdehnung natürlich nicht einheitlich. Teilweise sind sie großräumig und umfassen eine große Zahl europäischer Länder, teilweise handelt es sich um benachbarte Regionen kleineren Umfanges. Zudem sind sie thematisch unterschiedlich ausgerichtet. Bei allen Unterschieden haben sie sich aber alle der Leitidee der „Nachhaltigkeit" verpflichtet. Dieser widmen sie sich mit unterschiedlichen Herangehensweisen und jeweils eigenständigen Maßnahmen. Der „GECT Euregio Senza Confini" / „EVTZ Euregio Ohne Grenzen" hat sich der Überwindung von Grenzhindernissen und der Aufwertung von Grenzregionen als Beitrag zur europäischen Integration verschrieben. Das „Groupement européen de coopération territoriale (GECT): Parc européen Alpi Marittime Mercantour" / „Gruppo europeo di cooperazione territoriale (GECT): Parco europeo Alpi Marittime Mercantour" fördert intensiv den Ausbau von Natur- und Kulturschutz als Voraussetzung für einen nachhaltigen Tourismus und entwickelt hierauf aufbauend zahlreiche sinnvolle Maßnahmen. Die „Interregional Alliance for the Rhine-Alpine Corridor EGTC" untersucht in einem umfassenden Ansatz unter Mitarbeit von zahlreichen Mitgliedsinstitutionen die Möglichkeiten der nachhaltigen Mobilität für den Rhein-Alpen-Korridor als Beitrag für ein intelligentes Verkehrsmanagement. Der „Europäische Verbund für territoriale Zusammenarbeit (EVTZ) Geopark Karawanken" entwickelt den dortigen Geopark weiter zu einer grenzüberschreitenden Natur und Kulturerlebnisregion und leitet die Besucher zur Wertschätzung des natürlichen und kulturellen Erbes an. Der „EGTC Alpine Pearls – eco-friendly escapes" fördert in allen seinen Mitgliedsgemeinden in vier Ländern die umweltfreundliche Mobilität und die regionale Identität als touristisches Markenzeichen und besitzt ein sinnvolles Konzept hierfür. Der „EVTZ Wissenschaftsverbund Vierländerregion Bodensee" ist ein konkretes Beispiel für erfolgreiche grenzüberschreitende akademische Kooperation. Der „EVTZ Europaregion Tirol – Südtirol – Trentino" schließlich ist aus einer speziellen politischen Entwicklung vom einstmals einheitlichen Territorium über politische Trennung zu neuer grenzüberschreitender Zusammenarbeit entstanden.

Alle diese EVTZ sind eindrucksvolle Beispiele dafür, wie die durch die EU geförderte grenzüberschreitende Zusammenarbeit zu erfolgreichen Resultaten geführt hat. Die betreffenden Grenzregionen werden durch die Möglichkeit wirtschaftlich gestärkt, Zuwendungen aus den europäischen Fördermitteln zu erhalten. Dies spart Energie, Geld und Arbeitskraft, und es fördert durch seine Synergieeffekte das Hauptziel der Europäischen Union, nämlich ihre „Kohäsion" zu stärken. Dass dies besonders an Grenzen sinnvoll ist, liegt auf der Hand. Denn gerade hier muss das Trennende überwunden werden, und es kann durch gemeinsame Arbeit an gemeinsamen Problemen das gegenseitige Verständnis wesentlich fördern. Neben den wirtschaftlichen Effekten, die durch die Einrichtung eines EVTZ erreicht werden können, ist so auch das psychologische Moment nicht zu unterschätzen. Denn es kann dazu führen, dass bestehende Vorurteile abgebaut und gutnachbarliche Beziehungen aufgebaut werden. Somit können die EVTZ im kleineren Rahmen Vorbilder für das engere Zusammenwachsen der EU auf staatlicher Ebene werden. Dies ist außerordentlich begrüßenswert. Man muss freilich immer bedenken, dass sich die Aktivitäten der EVTZ auf der regionalen und lokalen Ebene abspielen und dort außerordentliche Erfolge aufweisen. Das heißt andererseits, dass auf diese Weise natürlich nicht alle großen Probleme der EU und auch nicht alle Schwierigkeiten in diesen Grenzregionen durch die Schaffung dieses Förderinstruments gelöst werden können. Vieles muss auf der höheren Ebene der Staaten bestimmt werden. Wenn dort alle Beteiligten ähnlich guten Willens wären wie diejenigen bei den EVTZ, müsste man über die weitere Entwicklung der EU nicht besorgt sein.

Die unterschiedlichen Schwerpunkte, auf welche sich die verschiedenen alpinen EVTZ konzentrieren, zeigen, dass sie den jeweiligen speziellen Gegebenheiten und Problemen Rechnung tragen und andererseits erkannt haben, welche Themen in den einzelnen Regionen am dringendsten einer Lösung bedürfen. Man kann überdies davon ausgehen, dass die EU solche EVTZ nur dann akzeptiert, wenn die Vorschläge und Projekte sinnvoll und überzeugend sind. Dies ist in allen vorgestellten Fällen gegeben. Es ist zu erwarten, dass zu den bisherigen EVTZ nach und nach weitere hinzukommen werden. Kreativität und genaue Einschätzung der Gegebenheiten der antragstellenden Institutionen und eine überlegte Darstellung der Ziele, die durch diese Förderung erreicht werden sollen, ist dabei für eine erfolgreiche Bewerbung unabdingbar. Dies betrifft naturgemäß nicht nur alpine Gebiete, sondern auch alle weiteren, die entsprechende Voraussetzungen für eine Antragstellung haben.

Erratum zu: Vom einstmals einheitlichen Territorium über politische Trennung zu neuer grenzüberschreitender Zusammenarbeit: „EVTZ Europaregion Tirol – Südtirol – Trentino"

Erratum zu:
Kapitel 11 in: W. Kreisel, *Grenzüberschreitende Kooperation im Alpenraum***,**
https://doi.org/10.1007/978-3-662-71245-0_11

Trotz sorgfältiger Prüfung wurden nachträglich kleinere Fehler in Kapitel 11 festgestellt und in allen verfügbaren Versionen (PDF, Druck, ePub, HTML) korrigiert. Dazu gehörte die Korrektur der Bildunterschrift von Abbildung 11.5 und das Hinzufügen einer Klammer auf Seite 117. Der Verlag bittet seine Leserinnen und Leser um Entschuldigung.

Die aktualisierte Version dieses Kapitels finden Sie unter
https://doi.org/10.1007/978-3-662-71245-0_11

© Der/die Autor(en), exklusiv lizenziert an Springer-Verlag GmbH, DE, ein Teil von Springer Nature 2025
W. Kreisel, *Grenzüberschreitende Kooperation im Alpenraum*,
https://doi.org/10.1007/978-3-662-71245-0_13

Anhang – Liste der Europäischen Verbünde für territoriale Zusammenarbeit

06/11/2024

List of European Groupings of Territorial Cooperation
Liste des groupements européens de coopération territoriale
Liste der Europäischen Verbünde für territoriale Zusammenarbeit

BG / CS / DA / DE / EL / EN / ES / ET / FI / FR / GA / HR / HU / IT / LT / LV / MT / NL / PL / PT / RO / SK / SL / SV

Non-EU: AR / MK / NO / SQ / UK

A Регистрационен номер / Číslo v registru / Nummer i registered / Nummer im Register / Αριθμός μητρώου / Number in the register / Número en el registro / Registrinumber / Numero rekisterissä / Numéro dans le register / Uimhir sa chlár / Broj u registru / Nyilvántartási szám / Numero nel registro / Numeris registre / Numurs reģistrā / Numru fir-reġistru / Nummer in het register / Numer w rejestrze / Número no registo / Număr în registru / Číslo v registry / Številka v registru / Nummer i registret
Non-EU: الرقم في السجل / Број во регистар / Nummer i registered / Numri në regjistër / Номер в реєстрі /

B Наименование / Název / Navn / Name / Επωνυμία / Name / Nombre / Nimi / Nimi / Nom / Ainm / Ime / Név / Denominazione / Pavadinimas / Nosaukums / Isem / Naam / Nazwa / Designação / Nume / Názov / Ime / Namn
Non-EU: الاسم / Име / Navn / Emri / Ім'я /

C Седалище / Sídlo / Hjemsted / Sitz / Έδρα / Seat / Sede / Asukoht / Kotipaikka / Siège / Oifig chláraithe / Sjedište / Székhely / Sede / Būstinė / Mītnes vieta / Sede / Vestigingsplaats / Siedziba / Sede / Sediu / Sídlo / Sedež / Säte
Non-EU: المقعد / Седиште / Sete / Selia / Місце /

D Членове от / Členové ze zemí / Medlemmer fra / Mitglieder aus / Μέλη από / Members from / Miembros de / Liikmete asukohariigid / Jäsenten sijaintimaat / Membres de / Baill as / Članovi iz / Mely országokhoz tartoznak a társulás tagjai / Membri provenienti da / Nariai iš / Dalībnieki no / Membri minn / Leden uit / Członkowie z / Membros provenientes de / Membri din / Členstvo od / Člani iz / Medlemmar från
Non-EU: أعضاء من / Членови од / Medlemmer fra / Anëtarët nga / Учасники від /

E Дата на регистрацията / Datum registrace / Dato for oprettelse / Registrierungsdatum / Ημερομηνία καταχώρισης / Date of registration / Fecha de registro / Registreerimiskuupäev / Rekisteröintipäivä / Date d'enregistrement / Dáta clárúcháin / Datum registracije / A nyilvántartásba vétel időpontja / Data di registrazione / Registracijos data / Reģistrācijas datums / Data tar-reġistrazzjoni / Registratiedatum / Data rejestracji / Data de registo / Data de înregistrare / Dátum registrácie / Datum registracije / Registreringsdatum
Non-EU: تاريخ التسجيل / Дата на регистрација / Registreringsdato / Data e regjistrimit / Дата реєстрації /

Закрита / Ukončeno / Nedlagt / Beendet / Δεν υπάρχει πλέον / Closed / Clausurado / Lõpetatud / Lakkautettu / Fermé / Scortha / Ukinuta / Megszűnt / Chiuso / Uždaryta / Darbība izbeigta / Magħluq / Opgeheven / Zostało rozwiązane / Encerrado / Desființată / Činnosť bola ukončená / Ukinjeno / Upplöst
Non-EU: مغلق / Затворено / Stengt / Mbyllur / Закрито /

Country codes explained / Explication des codes pays / Erklärung der Ländercodes
https://ec.europa.eu/eurostat/statistics-explained/index.php/Glossary:Country_codes

Rue Belliard/Belliardstraat 101 | 1040 Bruxelles/Brussel | BELGIQUE/BELGIË | Tel. +32 22822211
www.cor.europa.eu | @EU_CoR | /european.committee.of.the.regions | /european-committee-of-the-regions

Anhang – Liste der Europäischen Verbünde für territoriale Zusammenarbeit 147

A	B	C	D	E	WWW
1	Eurométropole Lille-Kortrijk-Tournai Eurometropool Lille-Kortrijk-Tournai	Lille, FR	FR/BE	22/01/2008	eurometropolis.eu
2	Ister-Granum Korlátolt Felelősségű Európai Területi Együttműködési Csoportosulás Európske zoskupenie územnej spolupráce s ručným obmedzením Ister-Granum Ister-Granum European Grouping of Territorial Co-operation Ltd	Esztergom, HU	HU/SK	12/11/2008	istergranum.eu
3	Agrupación Europea de Cooperación Territorial Galicia – Norte de Portugal (GNP AECT)	Vigo, ES	ES/PT	23/10/2008	gnpaect.eu
4	EGTC Amphictyony of Twinned Cities and Areas of the Mediterranean (Amphictyony / ΑΜΦΙΚΤΥΟΝΙΑ/ Anfizionia)	Athens, EL	EL/IT/FR/CY/AL/PS	01/12/2008	amphictyony.gr
5	Ung-Tisza-Túr-Sajó (Hernád-Bódva-Szinva) Limited Liability EGTC (UTTS)	Miskolc, HU	HU/SK	15/01/2009	/
6	Európske zoskupenie územnej spolupráce Kras-Bodva s ručením obmedzeným Karszt-Bódva Korlátolt Felelősségű Európai Területi Együttműködési Csoportosulás Limited liability European Grouping of Territorial Cooperation Karst-Bodva	Turňa nad Bodvou, SK	SK/HU	11/02/2009	/
7	Agrupación Europea de Cooperación Territorial Duero-Douro (Duero-Douro)	Trabanca, ES	ES/PT	21/03/2009	duero-douro.com
8	Groupement Européen de Coopération Territoriale West Vlaanderen/Flandre-Dunkerque-Côte d'Opale	Dunkerque, FR	FR/BE	25/03/2009	egts-gect.eu

OFFICIAL LIST OF EGTCs – EGTC Register – European Committee of the Regions

9	GECT ArchiMed	Taormina, IT	IT/CY/ ES/EL	06/03/2011	gectarchimed.com
10	GECT Pyrénées-Méditerranée AECT Pirineos Mediterráneo AECT Pirineus Mediterrània	Toulouse, FR	FR/ES	25/08/2009	euroregio.eu
11	GECT Eurodistrict Strasbourg-Ortenau EVTZ Eurodistrikt Strasbourg-Ortenau	Strasbourg, FR	FR/DE	25/01/2010	eurodistrict.eu
12	Agrupamento Europeu de Cooperação Territorial ZASNET, AECT (ZASNET)	Bragança, PT	PT/ES	19/03/2010	zasnet-aect.eu
13	Agrupació Europea de Cooperació Territorial Hospital de la Cerdanya (AECT HC)	Puigcerdá, ES	ES/FR	26/04/2010	hcerdanya.eu
14	GECT INTERREG "Programme Grande Région" EVTZ INTERREG "Programm Großregion" (Grande Région/Großregion)	Metz, FR	FR/DE/ LU/BE	29/03/2010	interreg-gr.eu
15	Eurodistrikt Saarmoselle Eurodistrict Saarmoselle (SaarMoselle)	Sarreguemines, FR	FR/DE	06/05/2010	saarmoselle.org
16	ABAÚJ - ABAÚJBAN Korlátolt Felelősségű Európai Területi Együttműködési Közhasznú Csoportosulás Európske zoskupenie územnej spolupráce ABOV v ABOVE s ručením obmedzeným ABAÚJ - ABAÚJBAN European Grouping of Territorial Co-operation Ltd	Miskolc, HU	HU/SK	11/06/2010	abauj.info
17	Pons Danubii EGTC	Komarno, SK	SK/HU	16/12/2010	ponsdanubii.eu
18	Bánát - Triplex Confinium Limited Liability EGTC (EN)	Mórahalom, HU	HU/RO	05/01/2011	btc-egtc.eu
19	Arrabona Korlátolt Felelősségű Európai Területi Együttműködési Közhasznú Csoportosulás (Arrabona EGTC Ltd.)	Győr, HU	HU/SK	07/06/2011	arrabona.eu

OFFICIAL LIST OF EGTCs – EGTC Register – European Committee of the Regions

Anhang – Liste der Europäischen Verbünde für territoriale Zusammenarbeit

20	"Linieland van Waas en Hulst" Europese Groepering voor Territoriale Samenwerking (EGTC Linieland van Waas en Hulst)	Sint-Gillis-Waas, BE	BE/NL	15/06/2011	egtslinieland.eu
21	GECT Euregio Tirolo - Alto Adige - Trentino	Bolzano, IT	IT/AT	13/09/2011	europaregion.info
22	Territorio dei comuni: Comune di Gorizia (I), Mestna Občina Nova Gorica (Slo) e Občina Šempeter-Vrtojba (Slo) Območje občin: Comune di Gorizia (I), Mestna občina Nova Gorica (Slo) in Občina Šempeter-Vrtojba (Slo)	Gorizia, IT	IT/SI	15/09/2011	euro-go.eu
23	GECT Pirineus – Cerdanya AECT Pirineus – Cerdanya	Saillagouse, FR	FR/ES	22/09/2011	pyrenees-cerdagne.fr
24	Agrupación Europea de Cooperación Territorial "Espacio Portalet"	Sallent de Gállego, ES	ES/FR	03/06/2011 Dissolution: 05/05/2021	/
25	Rába-Duna-Vág Korlátolt Felelősségű Európai Területi Együttműködési Csoportosulás (Rába-Duna-Vág EGTC Ltd.)	Tatabánya, HU	HU/SK	10/12/2011	rdvegtc.eu
26	GECT Eurorégion Nouvelle Aquitaine - Euskadi – Navarre	Hendaye, FR	FR/ES	12/12/2011	euroregion-naen.eu
27	Európa-kapu Korlátolt Felelősségű - Európai Területi Együttműködési Csoportosulás (Európa-kapu ETT) - Gruparea Europeană de Cooperare Teritorială Poarta Europa cu Răspundere Limitata (Poarta Europa GECT) - (EGTC Gate to Europe Ltd.)	Nyíradony, HU	HU/RO	07/05/2012	europakapu.eu
28	BODROGKÖZI Korlátolt Felelősségű Európai Területi Együttműködési Csoportosulás (BODROGKÖZI EGTC Ltd)	Miskolc, HU	HU/SK	11/04/2012	bodrogkoziek.com
29	Novohrad-Nógrád Korlátolt Felelősségű Európai Területi Együttműködési Csoportosulás (Novohrad-Nógrád ETT)	Salgótarján, HU	HU/SK	21/12/2011	nnegtc.eu

OFFICIAL LIST OF EGTCs – EGTC Register – European Committee of the Regions

	Európske zoskupenie územnej spolupráce Novohrad-Nógrád s ručením obmedzeným (EZÚS Novohrad-Nógrád) Novohrad-Nógrád European Grouping of Territorial Cooperation with Limited Liability (Novohrad-Nógrád EGTC)				
30	Pannon Korlátolt Felelősségű Európai Területi Társulás (Pannon ETT) Panonsko Europsko Zdruzenje za Teritorialno Sodelovanje z Omejeno Odgovornostjo (Pannon Panonsko ETZ) Pannon European Grouping of Territorial Cooperation Ltd. (Pannon EGTC)	Pécs, HU	HU/SI	28/03/2012	pannonegtc.eu
31	EGTC EFXINI POLI - Network of European Cities for Sustainable Development (EGTC Efxini Poli - SolidarCity Network)	Fyli, EL	EL/CY/BG	02/08/2012	efxini.gr
32	European Grouping of Territorial Cooperation European Urban Knowledge Network Limited (EUKN EGTC)	The Hague, NL	NL/BE/CY/CZ/FR/DE/LU/RO	03/12/2012	eukn.eu
33	GECT "Euregio Senza Confini r.l. – Euregio Ohne Grenzen mbH"	Trieste, IT	IT/AT	21/12/2012	euregio-senzaconfini.eu
34	Europejskie Ugrupowanie Współpracy Terytorialnej TRITIA z ograniczoną odpowiedzialnością (EUWT TRITIA z o.o.) Evropské seskupení pro územní spolupráci TRITIA s omezenou odpovědností (ESÚS TRITIA s o.o.) Európske zoskupenie územnej spolupráce TRITIA s ručením obmedzeným (EZÚS TRITIA s.r.o.) European Grouping of Territorial Cooperation TRITIA limited	Cieszyn, PL	PL/CZ/SK	25/2/2013	egtctritia.eu

OFFICIAL LIST OF EGTCs – EGTC Register – European Committee of the Regions

Anhang – Liste der Europäischen Verbünde für territoriale Zusammenarbeit

35	Sajó-Rima Korlátolt Felelősségű Európai Területi Társulás (Sajó-Rima ETT), Európske zoskupenie územnej spolupráce Slaná - Rimava (EZÚS Slaná-Rimava) Slaná - Rimava European Grouping of Territorial Cooperation with Limited Liability	Putnok, HU	HU/SK	03/04/2013	sajorima.eu
36	European Grouping of Territorial Cooperation Via Carpatia Limited Európske zoskupenie územnej spolupráce Via Carpatia s ručením obmedzeným Via Carpatia Korlátolt Felelősségű Európai Területi Együttműködési Csoportosulás	Košice, SK	SK/HU	31/05/2013	viacarpatia.eu
37	Parc européen / Parco europeo Alpi Marittime – Mercantour	Tende, FR	FR/IT	29/05/2013	marittimemercantour.eu
38	Gruppo Europeo di Cooperazione Territoriale (G.E.C.T) Parco Marino Internazionale delle Bocche di Bonifacio (P.M.I.B.B) Groupement Europeen de Cooperation Territoriale (G.E.C.T) Parc Marin International des Bouches de Bonifacio (P.M.I.B.B.)	La Maddalena, IT	IT/FR	11/03/2013	/
39	GECT "Secrétariat du Sommet de la Grande Région" EVTZ "Gipfelsekretariat der Großregion"	Esch-sur-Alzette, LU	LU/DE/BE/FR	28/08/2013	granderegion.net
40	EUWT TATRY z ograniczoną odpowiedzialnością EZÚS TATRY s ručením obmedzeným EGTC TATRY Ltd.	Nowy Targ, PL	PL/SK	20/09/2013	euwt-tatry.eu
41	Európske zoskupenie územnej spolupráce Spoločný región s ručením obmedzeným Evropské seskupení pro územní spolupráci Společný region s omezenou odpovědností European Grouping of Territorial Cooperation Spoločný región limited	Senica, SK	SK/CZ	22/05/2013	spolocnyregion.sk

OFFICIAL LIST OF EGTCs – EGTC Register – European Committee of the Regions

42	Torysa Korlátolt Felelősségű Európai Területi Együttműködési Csoportosulás (Torysa ETT) Európskeho zoskupenia územnej spolupráce Torysa (Torysa EZÚS) Torysa European Grouping of Territorial Cooperation (Torysa EGTC)	Sárazsadány, HU	HU/SK	09/10/2013	/
43	Svinka Korlátolt Felelősségű Európai Területi Együttműködési Csoportosulás (Svinka ETT) Europskeho Zoskupenia Uzemnej Spoluprace Svinka (Svinka EZÚS) Svinka European Grouping of Territorial Cooperation (Svinka EGTC)	Tolcsva, HU	HU/SK	09/10/2013	/
44	GECT Alzette Belval	Audun-le-Tiche, FR	FR/LU	13/02/2012	gectalzettebelval.eu
45	Agrupación Europea de Cooperación Territorial Ciudades de la Cerámica, AECT limitada (AEuCC, AECT limitada)	Talavera de la Reina, ES	ES/FR/IT/RO	07/01/2014	aeucc.eu
46	Agrupación Europea de Cooperación Territorial Eurocidade Chaves-Verín (Eurocidade Chaves-Verín, AECT) Agrupamento Europeu de Cooperação Territorial Eurocidade Chaves-Verín (Eurocidade Chaves-Verín, AECT) European Grouping of Territorial Cooperation Eurocity of Chaves-Verín (Eurocity of Chaves-Verín, EGTC)	Verín, ES	ES/PT	17/07/2013	eurocidadechavesverin.eu
47	Európai Közös Jövő Építő Korlátolt Felelősségű Európai Területi Együttműködési Csoportosulás (Európai Közös Jövő Építő ETT)	Battonya, HU	HU/RO	17/10/2012	ekjeegtc.eu

OFFICIAL LIST OF EGTCs – EGTC Register – European Committee of the Regions

Anhang – Liste der Europäischen Verbünde für territoriale Zusammenarbeit 153

	Gruparea Europeană de Cooperare Teritorială pentru Construcția unui Viitor European Comuncu Răspundere limitată (GECT Construcția unui Viitor European Comun) European Common Future Building European Grouping of Territorial Cooperation with Limited Liability (European Common Future Building EGTC)				
48	Central European Transport Corridor Limited Liability European Grouping of Territorial Co-operation (CETC-EGTC Ltd.) Středoevropský Dopravni Koridor Evropské seskupení pro územní spolupráci s ručením omezeným (SEDK-ESÚS s.r.o) Srednjoeuropski transportni koridor Europske skupine teritorijalne suradnje s ograničenom Odgovornošću (STK-ESTS d.o.o.) Środkowoeuropejski Korytarz Transportowy Europejskie Ugrupowanie Współpracy Terytorialnej z Ograniczoną Odpowiedzialnością (ŚKT-EUWT z o.o) Közép-európai Közlekedési Folyosó Korlátolt Felelősségű Európai Területi Társulás (KEKF-ETT) Centraleuropeiska transportkorridoren med begränsat ansvar europeisk gruppering för territoriellt samarbete (CETC-EGTS AB) Európske zoskupenie územnej spolupráce s ručením obmedzeným týkajúce sa Stredoeurópskeho dopravného koridoru (EZÚS-CETC s.r.o.)	Szczecin, PL	PL/HU/ SE/HR/DE	24/03/2014	cetc-egtc.eu

OFFICIAL LIST OF EGTCs – EGTC Register – European Committee of the Regions

49	Huesca Pirineos – Hautes Pyrénées (HP-HP)	Huesca, ES	ES/FR	11/11/2014 Dissolution: 09/12/2020	/	
50	Agrupación Europea de Cooperación Territorial Faja Pirítica Ibérica (AECT Faja Pirítica Ibérica)	Tharsis, ES	ES/PT	14/10/2014	/	
51	Európai Határvárosok Korlátolt Felelősségű Európai Területi Együttműködési Csoportosulás (Európai Határvárosok ETT) Gruparea Europeană de Cooperare Teritorială Orașele Europene de frontieră cu răspundere limitată (Orașele Europene de frontieră GECT) European Border Cities European Grouping of Territorial Cooperation Limited Liability (European Border Cities EGTC)	Nyíregyháza, HU	HU/RO	20/11/2014	nyir-szat.eu	
52	ESPON EGTC – European Node for Territorial Evidence (ESPON EGTC)	Luxembourg, LU	LU/BE	19/01/2015	espon.eu	
53	GECT Pays d'Art et d'Histoire Transfrontalier Les Vallées Catalanes du Tech et du Ter AECT País d'Art i d'Història Transfronterer Les Valls Catalanes del Tec i del Ter AECT País de Arte e Historia Transfronterizo Los Valles Catalanes del Tec y del Ter (GECT PAHT)	Prats-de-Mollo-la-Preste, FR	FR/ES	28/01/2015	valleescatalanes.org	
54	Interregional Alliance for the Rhine-Alpine Corridor EGTC	Mannheim, DE	DE/NL/BE /FR/CH/IT	27/05/2015	egtc-rhine-alpine.eu	

OFFICIAL LIST OF EGTCs – EGTC Register – European Committee of the Regions

55	MASH Korlátolt Felelősségű Európai Terület Társulás MASH European Grouping of Territorial Cooperation MASH EZTS Evropskega Združenja za teritorialno sodelovanje (MASH ETT)	Nagymizdó, HU	HU/SI	16/06/2015	mashegtc.eu
56	Mura Régió Korlátolt Felelősségű Európai Területi Társulás (Mura Régió ETT) Regija Mura Europska grupacija za teritorijalnu suradnju s ograničenom odgovornošću (Regija Mura EGTS) Mura Region European Grouping of Territorial Cooperation Limited Liability (Mura Region EGTC)	Tótszerdahely, HU	HU/HR	28/05/2015	muraregio.eu
57	Tisza Korlátolt Felelősségű Európai Területi Társulás (Tisza ETT) Європейське об'єднання територіального співробітництва з обмеженою відповідальністю ТИСА (ЄОТС ТИСА) Tisza European Grouping of Territorial Cooperation Limited Liability (Tisza EGTC)	Kisvárda, HU	HU/UA	26/10/2015	tiszaett.hu

OFFICIAL LIST OF EGTCs – EGTC Register – European Committee of the Regions

58	GECT-Autorité de gestion programme INTERREG Grande Région	Luxembourg, LU	LU/FR	19/10/2015	interreg-gr.eu
59	Europejskie Ugrupowanie Współpracy Terytorialnej Novum z Ograniczoną Odpowiedzialnością (EUWT NOVUM z o.o.) Evropského seskupení pro územní spolupráci NOVUM, s ručením omezeným (ESUS NOVUM s.r.o.) European Grouping of Territorial Cooperation NOVUM Limited (EGTC NOVUM Ltd.)	Jelenia Góra, PL	PL/CZ	16/12/2015	euwt-novum.eu
60	Agrupación Europea de Cooperación Territorial León-Bragança Agrupamento Europeu de Cooperação Territorial León-Bragança (AECT León-Bragança)	León, ES	ES/PT	29/12/2015	aect-leon-braganca.eu
61	PONTIBUS Korlátolt Felelősségű Európai Területi Társulás –(PONTIBUS Korlátolt Felelősségű ETT) Euórpske zoskupenie územne spolupráce PONTIBUS s ručením obmedzeným (EZÚS PONTIBUS s ručením obmedzeným) PONTIBUS European Grouping of Territorial Cooperation Limited Liability (PONTIBUS EGTC Limited Liability)	Budapest, HU	HU/SK	08/01/2016	pontibusegtc.eu
62	EUCOR The European Campus	Freiburg im Breisgau, DE	DE/FR/ CH	27/01/2016	eucor-uni.org
63	European Grouping of Territorial Cooperation "European Mycologial Institute" Agrupación Europea de Cooperación Territorial "Instituto Micológico Europeo" (EMI)	Soria, ES	ES/FR	10/05/2016	eumi.eu
64	Eisenbahnneubaustrecke Desden-Prag EVTZ	Dresden, DE	DE/CZ	01/09/2016	nbs.sachsen.de

OFFICIAL LIST OF EGTCs – EGTC Register – European Committee of the Regions

65	GECT Eurodistrict PAMINA	Lauterbourg, FR	FR/DE	02/12/2016	eurodistrict-pamina.eu
66	Ipoly-völgye EGTC	Ludányhalászi, HU	HU/SK	31/01/2017	ipolyvolgye.hu
67	DIETA MED	Pollica, IT	IT/EL	09/03/2017	/
68	HELICAS EGTC	Thessaloniki-Thermi, EL	EL/BG	07/09/2017	helicas.eu
69	MURABA EGTC	Szentgotthárd, HU	HU/SI	15/08/2017	muraba.hu
70	EGTC INTERPAL – MEDIO TEJO	Palencia, ES	ES/PT	24/11/2016	/
71	EGTC EUROCIUDAD DEL GUADIANA	Ayamonte, ES	ES/PT	07/02/2018	/
72	EGTC RIO MINHO	Valença, PT	PT/ES	20/02/2018	aectriominho.eu
73	EGTC CITTASLOW	Pollica, IT	IT/NL	21/02/2019	cittaslow.org
74	EGTC Euregio Meuse-Rhine	Eupen, BE	BE/NL/DE	14/03/2019	euregio-mr.info
75	Geopark Karawanken m.b.H. Geopark Karavanke z.o.o.	Eisenkappel, AT	AT/SI	27/11/2019	geopark-karawanken.at
76	EGTC Proximity	Latronico, IT	IT/EL	24/12/2019	proximitygect.eu
77	EGTC Eurodistrict Region Freiburg – Centre et Sud Alsace	Vogelgrun, FR	FR/DE	14/4/2020	eurodistrict-freiburg-alsace.eu
78	EGTC Kvarken Council	Vasa, FI	FI/SE	31/12/2020	kvarken.org
79	EGTC European Campus of Studies and Research	Pfarrkirchen, DE	DE/AT	29/05/2020	ec.th-deg.de
80	EGTC Pirineos Pyrénées	Jaca, ES	ES/FR	19/10/2020	pirineos-pyrenees.eu
81	EGTC Deutsch-Polnischer Geopark Muskauer Faltenbogen	Neiße-Malxetal, DE	DE/PL	05/11/2021	muskau-arch.eu
82	EGTC Euregio Connect mbH	Innsbruck, AT	AT/IT	05/11/2021	/
83	EGTC Parc Naturel Europeen Plaines Scarpe Escaut	Péruwelz, BE	BE/FR	06/09/2021	plaines-scarpe-escaut.eu
84	EGTC Alpine Pearls	Weißensee, AT	AT/IT/DE/SL	22/02/2022	alpine-pearls.com
85	EGTC Veľká Morava	Trnava, SK	SK/CZ	30/11/2022	/
86	EGTC Wissenschaftsverbund	Konstanz, DE	DE/AT/LI/CH	28/12/2022	wissenschaftsverbund.org
87	EGTC Eurocidade Porta da Europa	Vilar Formoso, PT	PT/ES	17/02/2023	/
88	EGTC Paths of the Future – Ljubljana – Novo mesto – Karlovec – Zagreb	Novo Mesto, SI	SI/HR	02/08/2023	/

OFFICIAL LIST OF EGTCs – EGTC Register – European Committee of the Regions

| 89 | EGTC Euro Contrôle Route | Rijswijk, The Netherlands | NL/HR/FR/DE/IE/LU/PL | / | . | https://www.euro-controle-route.eu/ |

OFFICIAL LIST OF EGTCs – EGTC Register – European Committee of the Regions

Literatur

Alpen: https://de.wikipedia.org/wiki/Alpen
Alpenkonvention: https://www.alpconv.org/de/startseite/
Alpenkonvention: https://www.alpconv.org/de/startseite/konvention/rahmenkonvention/
Alpenorganisationen: https://www.alpine-space.eu/about-us/our-european-and-macroregional-framework/
Alpine Pearls – eco-friendly escapes: https://projekte.ffg.at/projekt/512030
Alpine Pearls – eco-friendly escapes: https://www.alpine-pearls.com/evtz/evtz-im-ueberblick/der-verbund
Alpine Pearls – eco-friendly escapes: https://de.wikipedia.org/wiki/Alpine_Pearls
Alpine Space Programm: https://www.alpine-space.eu/about-us/what-is-the-interreg-alpine-space-programme/
Ambrosi, Andrea (2023): Die Rolle der Gemeinden im Autonomiesystem: Verwirklichung des Subsidiaritätsprinzips? In: Obwexer, Walter / Happacher, Esther (Hrsg.) (2023): Südtirols Autonomie gestern, heute und morgen: 50 Jahre Zweites Autonomiestatut: Rück-, Ein- und Ausblick. Grenz-Räume, 4). Baden-Baden: Nomos Verlagsgesellschaft mbH & Co. https://doi.org/10.5771/9783748917557 396 S. S. 267–287.
Arbeitsgemeinschaft Alpenländer (ARGE ALP): https://www.argealp.org/de
Astat, Statistikatlas: https://astat.provinz.bz.it/barometro/upload/statistikatlas/de/browser.html
Auswärtiges Amt (19.4.2024): Schengener Übereinkommen. https://www.auswaertiges-amt.de/de/service/visa-und-aufenthalt/schengen/207786
Autonome Provinz Bozen-Südtirol; Landesinstitut für Statistik. ASTAT, (2021): Südtirol in Zahlen; Tabelle 11: Bevölkerung und soziales Leben: Südtirol nach Sprachgruppe laut Volkszählungen von 1880 – 2011, S. 19; Autonome Provinz Bozen-Südtirol; Landesinstitut für Statistik. ASTAT, astat info 56, Dezember 2024
Autonome Provinz Bozen-Südtirol; Landesinstitut für Statistik. ASTAT, astat info 56, (Dezember 2024): Ergebnisse Sprachgruppenzählung – 2024. Berechnung des Bestandes der drei Sprachgruppen in der Autonomen Provinz Bozen – Südtirol. Risultati Censimento linguistico – 2024. Determinazioine della consistenza die tre gruppi linguistici della procvincia autonoma di Bolzano – Alto Adige. 16 S. https://astat.provinz.bz.it/de/aktuelles-publikationen-info.asp?news_action=4&news_article_id=687699
Autonome Provinz Bozen-Südtirol; Landesinstitut für Statistik. ASTAT (2022): Die Dauerzählung der Bevölkerung in Südtirol. https://astat.provinz.bz.it/de/aktuelles-publikationen-info.asp?news_action=4&news_article_id=683258, 14 S.
Autonome Provinz Bozen-Südtirol; Landesinstitut für Statistik. ASTAT (2024): Statistisches Jahrbuch für Südtirol; Annuario Statistico della Provincia di Bolzano: https://astat.provinz.bz.it/de/statistisches-jahrbuch.asp. 564 S.
Bätzing, Werner (^{4}2015): Die Alpen – Geschichte und Zukunft einer europäischen Kulturlandschaft. 4., völlig überarbeitete und erweiterte Auflage, C. H. Beck Verlag, München, 484 S.

Bätzing, Werner (2022): Die Entwicklung des Alpentourismus seit der Unterzeichnung des Tourismusprotokolls der Alpenkonvention und Überlegungen für mögliche Aktualisierungen. In: Kuncio, Paul, Schmid, Sebastian (Hrsg.): Das Protokoll „Tourismus" der Alpenkonvention. Verlag Österreich, Wien 2022, S. 15–31 (= Schriftenreihe zur Alpenkonvention, hrsg. von CIPRA-Österreich, Band 6).

Bätzing, Werner (2014): Eine makroregionale EU-Strategie für den Alpenraum. Eine neue Chance für die Alpen? In: Jahrbuch des Vereins zum Schutz der Bergwelt (München), 79. Jahrgang 2014, S. 19–32.

Blaurock, Uwe, Hennighausen, Johanna (2016): Der Europäische Verbund territorialer Zusammenarbeit (EVTZ) als Rahmen universitärer Kooperation. In: Ordnung der Wissenschaft 2 (2016), 73–84.

Brandstätter, Klaus (2000): „Tyrol, die herrliche, gefirstete Grafschaft ist von uralten zeiten gehaissen und auch so geschrieben …". Zur Geschichte des Begriffs „Tirol". In: Tirol – Trentino: eine Begriffsgeschichte / semantica di un concetto. Geschichte und Region 9 (2000), 1 + 2, 11–30

Broggi, M.F., Jungmeier, M., Plassmann, G., Solar, M., Scherfose, V. (2017): Die Schutzgebiete im Alpenbogen und ihre Lücken. Protected areas in the alpine arc and their gaps. In: Natur und Landschaft. Zeitschrift für Naturschutz und Landschaftspflege. 92. Jahrgang 2017. S. 432–439.

Brugger, Siegfried (2023): Die Weiterentwicklung der Autonomie seit Abgabe der Streitbeilegungserklärung: die wichtigsten Etappen. In: Obwexer, Walter / Happacher, Esther (Hrsg.) (2023): Südtirols Autonomie gestern, heute und morgen: 50 Jahre Zweites Autonomiestatut: Rück-, Ein- und Ausblick. Grenz-Räume, 4). Baden-Baden: Nomos Verlagsgesellschaft mbH & Co. https://doi.org/10.5771/9783748917557 396 S. S. 37–48

CIPRA Internationale Alpenschutzkommission (Commission Internationale pour la Protection des Alpes): https://www.cipra.org/de

Cosulich, Matteo (2023): Autonome Handlungsspielraume Südtirols in Gesetzgebung und Verwaltung: ausreichend abgesichert oder (zu) leicht einschränkbar? In: Obwexer, Walter / Happacher, Esther (Hrsg.) (2023): Südtirols Autonomie gestern, heute und morgen: 50 Jahre Zweites Autonomiestatut: Rück-, Ein- und Ausblick. Grenz-Räume, 4). Baden-Baden: Nomos Verlagsgesellschaft mbH & Co. https://doi.org/10.5771/9783748917557 396 S. S. 137–155.

DECA (Danube Energy Communities Accelerator): https://interreg-danube.eu/projects/deca

D'Orlando, Elena, Coppola, Paolo (2023): Die digitale Dimension der Sonderautonomie zwischen Einheitlichkeit und Differenzierung. In: Obwexer, Walter / Happacher, Esther (Hrsg.) (2023): Südtirols Autonomie gestern, heute und morgen: 50 Jahre Zweites Autonomiestatut: Rück-, Ein- und Ausblick. Grenz-Räume, 4). Baden-Baden: Nomos Verlagsgesellschaft mbH & Co. https://doi.org/10.5771/9783748917557 396 S. S. 313–341.

Erlacher, Rudi (2014): Makroregionale Strategie Alpen und Alpenkonvention: Es muss nicht zusammenwachsen, was nicht zusammengehört! Ein Plädoyer. In: Jahrbuch des Vereins zum Schutz der Bergwelt (München), 79. Jahrgang 2014, Vorabveröffentlichung 8/2014, S. 21–54.

EU-Alpenraumstrategie (EUSALP): https://alpine-region.eu/

EU-Alpenraumstrategie (EUSALP): https://www.alpine-space.eu/projects/luigi/en/home

EU-Alpenraumstrategie: https://ec.europa.eu/regional_policy/policy/cooperation/macro-regional-strategies/alpine_en

Euregio Connect: https://www.euregio-connect.eu/

Euregio senza Confini: https://euregio-senzaconfini.eu/de/attivita/programmazione-2021-2027/eu-move-tpl-senza-confini/

Euregio senza Confini: https://euregio-senzaconfini.eu/de

Europaregion & Partner (2022): Europaregion Studie EWCS: Soziodemographische und arbeitssoziologische Eckpunkte der Europaregion. 28 S.

Europäische territoriale Zusammenarbeit: https://www.europarl.europa.eu/factsheets/de/sheet/98/europaische-territoriale-zusammenarbeit

Europäische territoriale Zusammenarbeit: https://www.europarl.europa.eu/factsheets/de/sheet/93/wirtschaftlicher-sozialer-und-territorialer-zusammenhalt

Europäische Verbünde für territoriale Zusammenarbeit (Frédéric Gouardères 3-2024) https://www.europarl.europa.eu/factsheets/de/sheet/94/europaische-verbunde-fur-territoriale-zusammenarbeit-evtz-.
Europäischer Fonds für regionale Entwicklung (EFRE): https://www.europarl.europa.eu/factsheets/de/sheet/95/europaischer-fonds-fur-regionale-entwicklung-efre-
Europäischer Sozialfonds: https://european-social-fund-plus.ec.europa.eu/de
Europäischer Kohäsionsfonds: https://www.europarl.europa.eu/factsheets/de/sheet/96/kohasionsfonds
Europäischer Meeres- und Fischereifonds (EMFF): https://www.consilium.europa.eu/de/policies/maritime-fisheries-fund/
Europaregion/Europaregion (2021): Übereinkunft und Satzung des EVTZ Europaregion Tirol-Südtirol-Trentino/Convenzione del GRCT Europaregion Tirolo-Alto Adige-Trentino: https://www.google.com/search?client=firefox-b-e&q=Europaregion%2FEuroparegion+%282021%29%3A+%C3%9Cbereinkunft+und+Satzung+des+EVTZ+Europaregion+Tirol-S%C3%BCdtirol-Trentino%2FConvenzione+del+GRCT+Europaregion+Tirolo-Alto+Adige-Trentino%3A++
Europaregion Info: https://www.europaregion.info/
Europaregion in Zahlen: https://www.google.com/search?client=firefox-b-e&q=europaregion+statistiken
Europaregion, EVTZ-Statut: http://www.europaregion.info/downloads/Europaregion-EVTZ-Statut-GECT-statut-CastelThun-20110614.p
Europaregion, Projekte: https://www.europaregion.info/Europaregion/projekte/
Europaregion Statistiken: https://www.google.com/search?client=firefox-b-e&q=europaregion+statistiken. https://www.google.com/search?q=europaregion+tirol+s%C3%BCdtirol+trentino+statistiken&client=firefox-b-e&sca_esv=00980f6df5fed681&ei=NJ8eZ
Europaregion Transparente Verwaltung: https://www.europaregion.info/Europaregion/transparente-verwaltung/
European Committee of the Regions: List of European Groupings of Territorial Cooperation; Liste des groupements européens de coopération territoriale; Liste der europäischen Verbünde für territoriale Zusammenarbeit 10.10.2023 https://www.europarl.europa.eu/factsheets/de/sheet/94/europaische-verbunde-fur-territoriale-zusammenarbeit-evtz
European Committee of the Regions: List of European Groupings of Territorial Cooperation; Liste des groupements européens de coopération territoriale; Liste der europäischen Verbünde für Territoriale Zusammenarbeit 6.11.2024: https://cor.europa.eu/en/our-work/cooperations-and-networks/european-cross-border-platform/european-grouping-territorial-cooperation#toc-official-list-of-registered-egtcs
Falkensteiner, Sigrun (2023): Bildung in der Muttersprache: Eckpunkte der allgemeinen und beruflichen Bildung in Südtirol. In: Obwexer, Walter / Happacher, Esther (Hrsg.) (2023): Südtirols Autonomie gestern, heute und morgen: 50 Jahre Zweites Autonomiestatut: Rück-, Ein- und Ausblick. Grenz-Räume, 4). Baden-Baden: Nomos Verlagsgesellschaft mbH & Co. https://doi.org/10.5771/9783748917557 396 S. S. 67–72.
Fonds für einen gerechten Übergang (JTF): https://www.europarl.europa.eu/factsheets/de/sheet/214/fonds-fur-einen-gerechten-ubergang
Frontex: https://frontex.europa.eu/de/
Frontex: https://european-union.europa.eu/institutions-law-budget/institutions-and-bodies/search-all-eu-institutions-and-bodies/frontex_de
Frontex: https://de.wikipedia.org/wiki/Frontex
Garber, Martha (2023) Autonomie und europäische Integration zwischen Chancen und Stolpersteinen. In: Obwexer, Walter / Happacher, Esther (Hrsg.) (2023): Südtirols Autonomie gestern, heute und morgen: 50 Jahre Zweites Autonomiestatut: Rück-, Ein- und Ausblick. Grenz-Räume, 4). Baden-Baden: Nomos Verlagsgesellschaft mbH & Co. https://doi.org/10.5771/9783748917557 396 S. S. 49–63.
Geopark Karawanken: https://www.geopark-karawanken.at/de/projekte
Geopark Karawanken: https://www.geopark-karawanken.at/de/

GECT Alpi-Marittime-Mercantour: https://fr.marittimemercantour.eu/gect. https://fr.marittime-mercantour.eu/gect/trente-ans-de-collaboration

Happacher, Esther (2023): Zentrale Schutzregelungen: Herausforderungen und Lösungsansatze. In: Obwexer, Walter / Happacher, Esther (Hrsg.) (2023): Südtirols Autonomie gestern, heute und morgen: 50 Jahre Zweites Autonomiestatut: Rück-, Ein- und Ausblick. Grenz-Räume, 4). Baden-Baden: Nomos Verlagsgesellschaft mbH & Co. https://doi.org/10.5771/9783748917557 396 S. S. 291–311.

International Alliance for the Rhine-Alpine Corridor: https://www.egtc-rhine-alpine.eu/

International Alliance for the Rhine-Alpine Corridor: https://de.wikipedia.org/wiki/Transeuropäische_Netze

International Alliance for the Rhine-Alpine Corridor: https://en.wikipedia.org/wiki/Trans-European_Transport_Network

Interregional Alliance for the Rhine-Alpine Corridor: https://www.egtc-rhine-alpine.eu/#&gid=1&pid=1

Internationale Bodensee Hochschule (IBH): https://de.wikipedia.org/wiki/Internationale_Bodensee-Hochschule

Interreg Alpenraumprogramm (Interreg Alpine Space Programme): https://www.alpine-space.eu/about-us/our-european-and-macroregional-framework/

Interreg Alpenraumprogramm (Interreg Alpine Space Programme): https://www.alpine-space.eu/national-pages/germany-landingpage/uber-uns/

Interreg Alpenraumprogramm (Interreg Alpine Space Programme): https://www.alpconv.org/de/startseite/projekte/umsetzungsprojekte/detail/interreg-alpine-space-programme/

Kasparek, Bernd (für bpb.de) 2021: Die Europäische Grenzschutzagentur Frontex, Bundeszentrale für politische Bildung, https://www.bpb.de/themen/migration-integration/kurzdossiers/342061/die-europaeische-grenzschutzagentur-frontex/

Kreisel, Werner (2015): Seerechtsgrenzen und ihre Bedeutung. In: Stadelbauer, J. (Hrsg.): Handbuch des Geographieunterrichts, Band 7, Politische Räume, Aulis-Verlag, S. 290–309.

Lun, Georg, Erschbaumer, Philipp (Autoren) (2013); Handels-, Industrie-, Handwerks- und Landwirtschaftskammer Bozen, Handels-, Industrie-, Handwerks- und Landwirtschaftskammer Trient Wirtschaftskammer Tirol (Hrsg.): Europaregion Tirol – Südtirol – Trentino. Die Meinung der Unternehmen zu Potenzialen der Zusammenarbeit. 47 S.

Makroregionen: https://ec.europa.eu/regional_policy/information-sources/publications/factsheets/2017/what-is-an-eu-macro-regional-strategy_de

Makroregionen: https://ec.europa.eu/regional_policy/policy/cooperation/macro-regional-strategies_en

Matha, Thomas (2023): Gleichberechtigte Teilnahme der Volksgruppen am öffentlichen Leben: Proporz und Sprachgruppenerklärung. In: Obwexer, Walter / Happacher, Esther (Hrsg.) (2023): Südtirols Autonomie gestern, heute und morgen: 50 Jahre Zweites Autonomiestatut: Rück-, Ein- und Ausblick. Grenz-Räume, 4). Baden-Baden: Nomos Verlagsgesellschaft mbH & Co. https://doi.org/10.5771/9783748917557 396 S. S. 123–135.

Obwexer, Walter (2021): Die Reform der Europaregion Tirol-Südtirol-Trentino: erste Novellierung der rechtlichen Grundlagen nach zehn Jahren, in: Europäisches Journal für Minderheitenfragen, Bd. 14, Heft 3–4, 373–388.

Obwexer, Walter / Happacher, Esther (Hrsg.) (2023): Südtirols Autonomie gestern, heute und morgen: 50 Jahre Zweites Autonomiestatut: Rück-, Ein- und Ausblick. Grenz-Räume, 4). Baden-Baden: Nomos Verlagsgesellschaft mbH & Co. https://doi.org/10.5771/9783748917557 396 S.

Obwexer, Walter (2023): Autonomie und europäische Integration im Lichte künftiger Entwicklungen. In: Obwexer, Walter / Happacher, Esther (Hrsg.) (2023): Südtirols Autonomie gestern, heute und morgen: 50 Jahre Zweites Autonomiestatut: Rück-, Ein- und Ausblick. Grenz-Räume, 4). Baden-Baden: Nomos Verlagsgesellschaft mbH & Co. https://doi.org/10.5771/9783748917557 396 S. S. 343–384.

Pallaver, Günther (2000): Kopfgeburt Europaregion Tirol. Genesis und Entwicklung eines politischen Projekts. In: Tirol – Trentino: eine Begriffsgeschichte / semantica di un concetto. In: Geschichte und Region 9 (2000), 1 + 2, 245–260

Pallaver, Günther (2018): Herausforderungen für Politik und Gesellschaft in der Europaregion Tirol-Südtirol-Trentino. Eine Effektivitäts- und Legitimitätsbewertung, in: Obwexer, Walter / Bußjäger, Peter / Gamper, Anna / Happacher, Esther (Hrsg.): Integration oder Desintegration? Herausforderungen für die Regionen in Europa. Baden Baden: Nomos Verlag (= Grenz-Räume, 1), 267–295.

Pallaver, Günther / Traweger, Christian (2019): Verwaltungskooperation im Bewusstsein der Bevölkerung, in: Bussjäger, Peter; Happacher, Esther / Obwexer, Walter (Hrsg.): Verwaltungskooperation in der Europaregion. Potenziale ohne Grenzen?, Baden-Baden: Nomos, 157–186.

Postal, Gianfranco (2023): Die Beziehungen zur Autonomen Region Trentino-Südtirol und zur Autonomen Provinz Trient. In: Obwexer, Walter / Happacher, Esther (Hrsg.) (2023): Südtirols Autonomie gestern, heute und morgen: 50 Jahre Zweites Autonomiestatut: Rück-, Ein- und Ausblick. Grenz-Räume, 4). Baden-Baden: Nomos Verlagsgesellschaft mbH & Co. https://doi.org/10.5771/9783748917557 396 S. S. 239–265.

Programme de Coopération Territoriale Transfrontalière Interreg VI–a France–Italia Alcotra 2021–2027; Version approuvée par la Commission Europeenne le 29 juin 2022

Reindl, Helmut (2023): Eine einzigartige Region im Herzen Europas 21. Juni 2023: Die Europaregion Tirol– Südtirol– Trentino wurde gegründet, um die grenzüberschreitende Zusammenarbeit der seit 1918 geteilten Landesteile Tirols zu fördern. https://www.kommunal.at/eine-einzigartige-region-im-herzen-europas

Romeo, Carlo (2022): Tirol Südtirol Trentino. Ein historischer Überblick. Hrsg.: Europaregion Tirol – Südtirol – Trentino. 140 S.

Schengen-Raum: https://de.wikipedia.org/wiki/Schengen-Raum

Steiniger, Rolf (2010): Die Südtirolfrage. In: Kreisel, W., Ruffini, F.V., Reeh, T., Pörtge, K.-H. (Hrsg.) (2010): Südtirol – Alto Adige. Eine Landschaft auf dem Prüfstand – Un paesaggio al banco di prova. Entwicklungen – Chancen – Perspektiven. Sviluppi – Opportunità – Prospettive. Georg-August-Universität Göttingen und EURAC Research Bozen/Bolzano. Verlag Tappeiner AG, Lana. 360 S. S. 182–191.

Stocker, Martha (2023): Vom Paket zu seiner Umsetzung – Einige Meilensteine. In: Obwexer, Walter / Happacher, Esther (Hrsg.) (2023): Südtirols Autonomie gestern, heute und morgen: 50 Jahre Zweites Autonomiestatut: Rück-, Ein- und Ausblick. Grenz-Räume, 4). Baden-Baden: Nomos Verlagsgesellschaft mbH & Co., https://doi.org/10.5771/9783748917557 396 S. S. 15–36.

Struck, Bernhard: Grenzregionen, in: Europäische Geschichte Online (EGO), hg. vom Leibniz-Institut für Europäische Geschichte (IEG), Mainz 2012-12-04. URL: https://www.ieg-ego.eu/struckb-2012-de URN: urn:nbn:de:0159-2012120307 [JJJJ-MM-TT]. Zugriff 29.11.2024.

Südtiroler Landesregierung, Agentur für Presse und Information (Hrsg.) (2019): Südtirol Handbuch mit Autonomiestatut 285 S.

Südtiroler Landesregierung, Agentur für Presse und Information (Hrsg.) (2024): Südtirol Handbuch mit Autonomiestatut 289 S. https://news.provinz.bz.it/de/publikationen/sudtirol_handbuch_mit_autonomiestatut__

Territorialstreitigkeiten: https://de.wikipedia.org/wiki/Liste_von_Territorialstreitigkeiten

Tichy, Helmut (2023): Die internationale Verankerung der Autonomie Südtirols in einem sich ändernden Völkerrecht. In: Obwexer, Walter / Happacher, Esther (Hrsg.) (2023): Südtirols Autonomie gestern, heute und morgen: 50 Jahre Zweites Autonomiestatut: Rück-, Ein- und Ausblick. Grenz-Räume, 4). Baden-Baden: Nomos Verlagsgesellschaft mbH & Co. https://doi.org/10.5771/9783748917557 396 S. S. 385–393.

Toniatti, Roberto (2023): Der Grundsatz der loyalen Zusammenarbeit zwischen Garantie der Sonderautonomie und Wahrung der Einheit der Rechtsordnung. In: Obwexer, Walter / Happacher, Esther (Hrsg.) (2023): Südtirols Autonomie gestern, heute und morgen: 50 Jahre Zweites Autonomiestatut: Rück-, Ein- und Ausblick. Grenz-Räume, 4). Baden-Baden: Nomos Verlagsgesellschaft mbH & Co. https://doi.org/10.5771/9783748917557 396 S. S. 199–237.

Tramontana: https://www.europeanheritageawards.eu/winners/tramontana-network-iii-france-italy-poland-portugal-spain/

Traweger, Christian / Pallaver, Günther (2020): Die Europaregion Tirol – Südtirol – Trentino. Neue Herausforderungen grenzüberschreitender Zusammenarbeit. Ergebnisse einer Bevölkerungsbefragung, Innsbruck: Studia Verlag. 125 S.

Traweger, Christian / Pallaver, Günther (2022): Die Europaregion Tirol – Südtirol – Trentino in Corona-Zeiten. Ergebnisse einer Bevölkerungsbefragung. 148 S.

Übereinkunft über die Errichtung des Europäischen Verbundes für territoriale Zusammenarbeit „Europaregion Tirol – Südtirol – Trentino" zwischen dem Land Tirol, der Autonomen Provinz Bozen-Südtirol, der Autonomen Provinz Trient (2011). https://www.google.com/search?client=firefox-b-e&q=%C3%9Cbereinkunft+%C3%BCber+die+Errichtung+des+Euro p%C3%A4i-schen+Verbundes+f%C3%BCr+territoriale+Zusammenar-beit+%E2%80%9EEu roparegion+Tirol+%E2%80%93+S%C3%BCdtirol+%E2%80%93+Trentino+zwischen+dem +Land+Tirol%2C+der+Autonomen+Provinz+Bozen-S%C3%BCdtirol%2C+der+Autonomen +Provinz+Trient++%282011%29.

Valdesalici, Alice (2023): Die Finanzordnung der autonomen Provinzen Trient und Bozen: historisch-rechtliche Entwicklung und grundlegende Elemente. In: Obwexer, Walter / Happacher, Esther (Hrsg.) (2023): Südtirols Autonomie gestern, heute und morgen: 50 Jahre Zweites Autonomiestatut: Rück-, Ein- und Ausblick. Grenz-Räume, 4). Baden-Baden: Nomos Verlagsgesellschaft mbH & Co. https://doi.org/10.5771/9783748917557 396 S. S. 157–197.

Verordnung (EG) Nr. 1082/2006 des europäischen Parlaments und des Rates vom 5. Juli 2006 über den Europäischen Verbund für territoriale Zusammenarbeit (EVTZ) 21.7.2006 L 210/19. https://eur-lex.europa.eu/legal-content/DE/ALL/?uri=CELEX%3A32006R1082

Verordnung (EU) Nr. 1302/2013 des europäischen Parlaments und des vom 17. Dezember 2013 Amtsblatt der Europäischen Union L 347/303 zur Änderung der Verordnung (EG) Nr. 1082/2006 über den Europäischen Verbund für territoriale Zusammenarbeit (EVTZ). https://www.google.com/search?client=firefox-b-e&q=Verordnung+%28EU%29+Nr.+1302%2F201 3+des+europ%C3%A4ischen+Parlaments+und+des+vom+17.+December+2013+Amtsblatt+der+Europ%C3%A4ischen+Union+L+347%2F303+zur+%C3%84nderung+der+Verordnun g+%28EG%29+Nr.+1082%2F2006+

Verordnung (EU) 2021/1060 des europäischen Parlaments und des Rates vom 24. Juni 2021: https://eur-lex.europa.eu/legal-content/EN/TXT/?uri=CELEX%3A02021R1060-20240630

Vgl. hierzu: Alpenorganisationen: https://www.alpine-space.eu/about-us/our-european-and-macroregional-framework/

Wassenberg, Birte, Reitel, Bernard, in Zusammenarbeit mit Jean und Jean Peyrony Rubió (2015): Die territoriale Zusammenarbeit in Europa. Eine historische Perspektive. Luxemburg: Amt für Veröffentlichungen der Europäischen Union, 2015. 172 S. https://www.google.com/search?client=firefox-b-e&q=Wassenberg%2C+Birte%2C+Reitel%2C+Bernard%2C+in+Zus ammenarbeit+mit+Jean+und+Jean+Peyrony+Rubi%C3%B3+%282015%29%3A+Die+territoriale+Zusammenarbeit+in+Europa.+Eine+historische+Perspektive%3A+Luxemburg%3A+Amt+f%C3%BCr+Ver%C3%B6ffentlichungen+der+Europ%C3%A4ischen+Union%2C+

Wissenschaftsverbund Vierländerregion Bodensee: https://www.wissenschaftsverbund.org/

Zeller, Karl (2023): Der Gebrauch der Sprachen in der öffentlichen Verwaltung, bei Gericht sowie in der Ortsnamengebung. In: Obwexer, Walter / Happacher, Esther (Hrsg.) (2023): Südtirols Autonomie gestern, heute und morgen: 50 Jahre Zweites Autonomiestatut: Rück-, Ein- und Ausblick. Grenz-Räume, 4). Baden-Baden: Nomos Verlagsgesellschaft mbH & Co. https://doi.org/10.5771/9783748917557 396 S. S. 73–121.

GPSR Compliance

The European Union's (EU) General Product Safety Regulation (GPSR) is a set of rules that requires consumer products to be safe and our obligations to ensure this.

If you have any concerns about our products, you can contact us on ProductSafety@springernature.com

In case Publisher is established outside the EU, the EU authorized representative is:

Springer Nature Customer Service Center GmbH
Europaplatz 3
69115 Heidelberg, Germany

Batch number: 09375733

Printed by Printforce, the Netherlands